U0735417

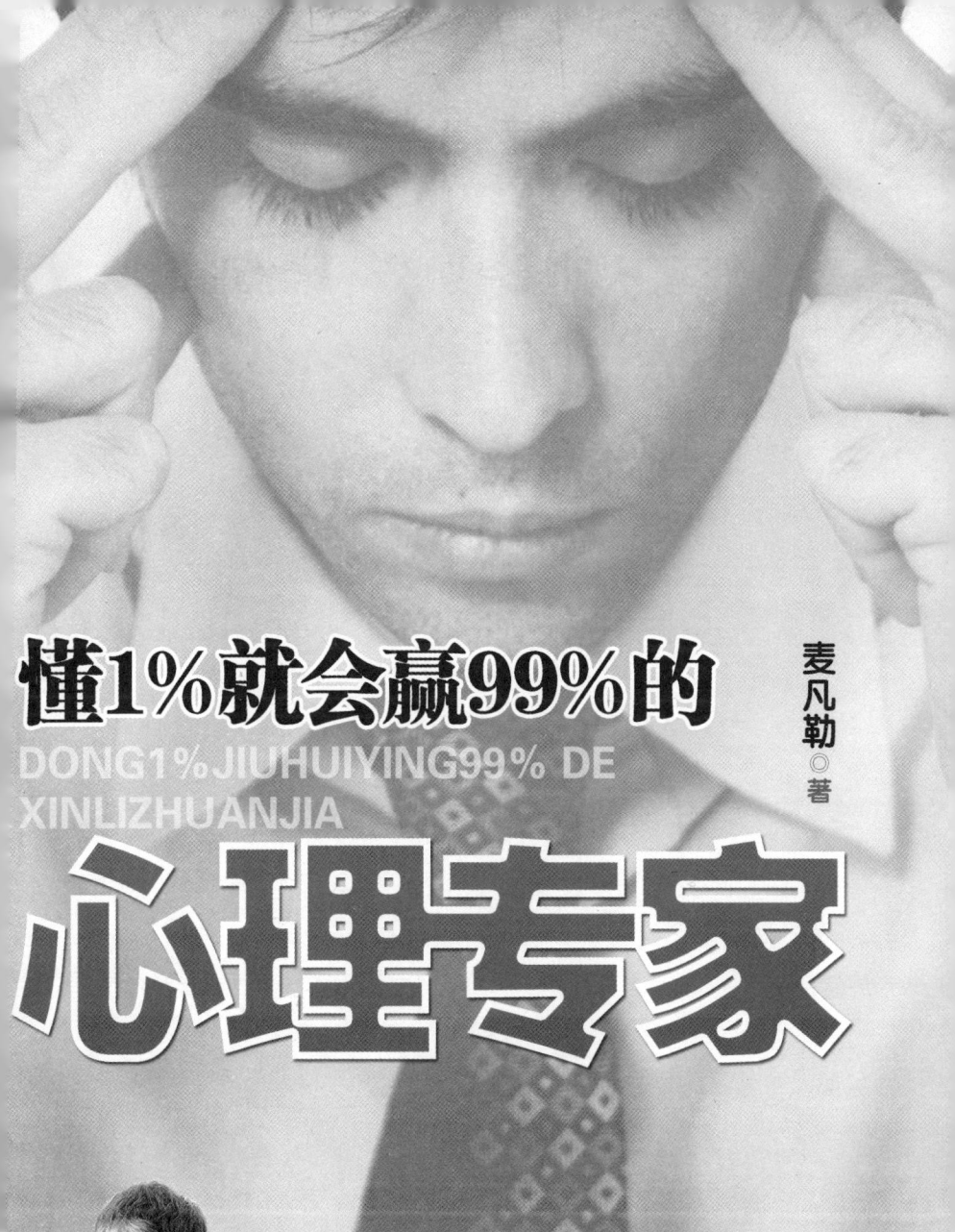

懂1%就会赢99%的

DONG1%JIUHUIYING99% DE
XINLIZHUANJIA

# 心理专家

麦凡勒 ◎ 著

百花洲文艺出版社
BAIHUAZHOU LITERATURE AND ART PRESS

# 前言

大家必然都有过这样的体验：人与人之间为何会有误会？为什么会反复走上相同的失败之路？何故一个人明明看似很眼熟，可自己却想不起他的名字？这一连串问题的答案只有一个：你无法掌握的心灵世界，潜意识地支配着你的一举一动。你的行动未必出于自己的本意，有时不知不觉受到潜意识的影响，甚至连你的人生都受潜在意识所左右。

以同样的方法做同一件事，有人失败也有人成功。让人感觉值得信赖。天生赢家的人不少，给人感觉"朽木不可雕也"的，也大有人在。

有这样一则故事：

甲、乙两家贩卖鞋子的公司，同时各自派遣一位业务员到非洲考察业务。看到那么多的人都没有穿鞋子，甲公司的业务员给公司回电如下：

"毫无希望，此地无人穿鞋。"

乙公司业务员的回电则恰好相反：

"此地每个人都需要鞋子穿，大有可为！"


现实社会中，乙公司的业务员必然是成功者。做同一件事，相信自己一定会成功的人，和抱持相反念头的人，所得到的结果必然不同。因为"潜在意识能使深信不疑的事情获得实现"——人的潜在意识，名之为心理的"黑盒子"，是如此浩瀚难测，令人惊叹。

失败者和成功者之间的差异受潜在意识左右，从相反的角度而言，这也正是能否理解心理机制的关键所在。

简而言之："是否了解人心的流向，妥善运用？"所谓"人心的流向"就是心理，它的顺畅与否，常常对我们的日常生中产生出乎意料的影响！例如：在众人面前怯场，对自己缺乏信心、生活态度消极，或是人际关系不佳等。尤其是我们未意识到，隐藏于心灵深处的种种欲求、希望正牢牢地限制着我们的行动。

本书试着用种种不同的论点，以浅显的文字，说明这样的心理状态。由探讨自我内心深处的第一章开始，一直叙述到男女的心理差异以及男女的身体语言，还有如何将心理学在人际关系中活用等等，十分丰富，是一部小而美、寓教于乐的心理学入门书。

此外，书中亦编列了检查表，借由这些出发点不同的测验，希望能增进你对心理和人际关系的认识与了解。测验所得结果即使不好也无须在意。只有真正明白自己的弱点，并加以克服、转化为优点的人，才能充分掌握、运用自我的发展潜力。相信本书必能帮助你找出达成此目的的方法。

# 目录/CONTENTS

第三章　人们为何言不由衷？

第四章　两性交往面面观

第五章　你的喜好到底是什么？ ——不经意的
　　　　行为细节中，可以看出一个人的个性！

# 第六章　心灵盲点——鬼迷心窍，所为何来？

# 第七章　身体语言——姿势、动作述说着一个人的心理、情绪

# 第八章　人际关系活用术

心理
实验室 XINLI
SHIYANSHI

**第一章**／探索心灵深处的自我！

## 潜意识中的另一个"自己"

——为何猜不透对方心理？因为你不了解自己！

想必每个人对自己脑筋好坏、个人好恶、性格内外向都有自知之明。

但如果想从这些零碎的资料中，拼凑出一个真正的"自己"，比如求职、就学所写之履历、自传，却往往摸不着头绪，无法确实掌握住自己的能力、性格、性向。这在我们称之为"自我迷失的时代"尤其明显。

最典型的就是"过渡型人类"——一种发生于西欧等高度工业化、都市化先进社会的"退化病理现象"。

这种"过渡型人类"既无法脱离国家、社会而独立生存，却又像猫一般，四处找寻猎物，没有明确的人生目标。虽然可算是一种文明社会病，但如此无法建立良好人际关系，恐怕也是件棘手的事。

占星术、血型分析之流行也有着同样的背景。初次见面就开口询问对方"血型"、"星座"的人，认为这样做是了解对方和自己最简便的方法。经由此方法可以在双方交谈的刹那间，判断出对方是敌是友，让自己和陌生人之间的关系明朗化。即使不见得将对方个性摸得一清二楚，却也或多或少能稍解因不了解而感不安的情绪。详细分析此一行动的动机，不外乎是为了消除因不了解对方而引起的欲求不满。


——"独学而无友，则孤陋而寡闻矣！"

爱琴海的狄洛斯岛上的阿波罗神殿石柱上刻着："了解你自己！"传说是希腊神话里的太阳神阿波罗所说，由女祭司转述给古希腊人的神谕。这句话，不仅对两千五百年前的希腊人有着极大的冲击力，时至今日，仍深深影响现代人的生活。那么要怎样才能"了解自己"呢？心理学上最常用的一个方法就是"周哈里窗户"。

"周哈里窗户"是由美籍心理学家 Joseph Luft 和 Harry Jugham 共同设计出来，将人类的心理构造，依"现象"加以分类的方法。为了让世人知道两学者的贡献，取二者名字的前半部，称之为"周哈里窗户"。

你我心中都有"自己晓得，别人不知道"的部分，这部分就是"周哈里窗户"中的"逃避或隐藏领域"（隐私）。当然这部分在工作上或人际关系方面无多大关系。另一方面，"别人知道，自己不晓得"的部分，就是"周哈里窗户"中的"盲目领域"部分。大多数人都会想隐藏甚至消除这一部分。四个领域中最重要的就是"自由活动领域"，它会随着与他人的交往或接触，而渐渐扩大。

人们在和他人交往（相互作用）的过程中，得以将自己知道、别人不晓得的"逃避或隐藏领域"呈现出来，并予以缩小，而扩大"自由活动领域"。同样地，别人也会指出自己未曾注意到的部分，带来相同的结果。

**周哈里窗户**

| | | 自己所见的"我" | |
|---|---|---|---|
| | | 自己知道 | 自己不知道 |
| 他人所见的"我" | 他人知道 | **开放我**<br>自己晓得，别人也知道的自己。 | **盲目我**<br>自己不清楚，别人却晓得的自己。 |
| | 他人不知道 | **隐藏我**<br>自己晓得而别人不知道的自己。 | **未知我**<br>自己和别人都不晓得的自己。 |

也就是说，与他人接触机会少的人，也就等于放弃再次发现自我的机会。因此，为了了解自我，实在有必要尽一切可能地给自己制造机会。但麻烦的是，他人的指责往往掺杂着某种目的。

孔子所说："巧言令色，鲜矣仁！"洞悉事物的能力，是需要培养的。

——拿掉有色眼镜后，将会看到什么？

人往往满足于和能接受自己、赞同自己看法的人之间的交往关系，而"忠言逆耳"，不愿意见到别人"哪壶不开提哪壶"。伟大的生物学家达尔文，碰到与自己所倡导学说互相抵触、矛盾的事实时，当场记录下来。为什么呢？他说："矛盾的事实，让我感觉难受。一般人都会想忘记这种难受感觉，同时也想将这一感觉的起因——这一绝对的事实，一并忘记。为了不忘记这一事实，我才将它记录下来。"

这或许就是后世的我们，会认为达尔文是个伟大人物的原因吧！

如果你真的想了解自己，最重要的是坦率地面对他人，面对自己。以有色眼光看待事物，既无法

看清对方，也无法了解自己。

**——他人的眼里，照映出自己看不到的内心！**

想了解什么是真正的自己，最有效的方法就是从交往的朋友、公司同事回馈的信息中，获得情报。而且，遭到他人非难、攻击时，不要只顾着为自己辩白，不妨问问第三者，自己的行为是否有遭人非议的地方，进而从中学到教训，如此越能正确地了解自己。总之，不管你采用什么方法，越是能客观正确地理解自我越佳。

当别人看到的"我"，不像自己想象的"我"时，我们往往会自认为"遭到误解"。然而，对方的感觉完全是事实，"遭到误解"也只不过是你自己这样认为。暂且不用为"为何他们会误解我？"而心生不快，应该想想为何对方会如此看待自己。

也就是说：自己所认为的"自己"和别人眼中所见的"自己"，也许完全不一样。为了清楚地知道真正的自己，最重要的是要经由别人的眼睛，修正自己所绘的

"自画像"。尽可能不固执己见，客观地"由别人的眼光来看自己"。一旦我们能做到这一点，所谓"以人为镜，可以明得失"，就能反省自己，"为什么他有这样的反应？""是不是自己所说的话和态度，有让人看不过去的地方？"进而了解实在没有好好注意到内在的自己。

　　能觉悟到"人原来是充满偏见的"，也算是一大进步。

## 潜意识里的三个"人物"，哪一个正在扮演人生大戏的主角？

——"什么决定了自己的一生？"

一提到认识自己的方法，最容易联想到的是"精神分析"。众所皆知，"精神分析"是基于潜意识无时无刻不影响我们日常行为的理论，分析我们内心深处不被注意的另一个世界。此心理分析方法由弗洛伊德创始，荣格、阿德勒等学者继续研究发展。时至今日更由美国的精神医师伯恩研究出划时代的自我分析法——人际沟通分析，简称"T·A"。

人际沟通分析的主要目的是希望借由了解自己的他

人所见的"自我"，尽可能地将日常生活中个体的价值观、感情和行为模式导入正轨，且意识到"什么因素决定自己所过的一生"，进而激发出内在的潜能。

——三个"我"中，何者占有你潜意识中最大比例？

弗洛伊德认为人的精神构造可分成超我P、自我A、本我C三种层次。

超我指的是人格中理想与道德良知部分，自我是人格中适应社会规范、讲求现实部分，本我则指人格中最原始的本能性部分，不受个体意识支配，亦不受外在社会观规范约束。

伯恩（Eric Berne）以P代表超我，以A代表自我，以C代表本我。也就是认为每个个体的心中存在着"父母"、"成人"、"儿童"三种自我状态。父母P的自我状态是受到双亲等养育自己长大的人的影响，趋向自我批判、追求理想，对他人喜欢使出权威态度。成人A的自我状态是个体在成长过程中，由经验学习、构筑成的"我"，能洞悉周遭现实，并予以归纳、分析，谋取适当对象，表现出冷静而理性的态度。儿童C的自我状态是个体与生俱来的本能，及儿童时期对外在事物的体验、反应模式，在某一时刻左右着生理、心理上已是成人的个体，回复幼儿时期淘气、我行我素、要求立即满足的状态。

——"道貌岸然"、"玩世不恭"的背后是……

P、A、C三种自我状态，存在于每个个体的潜意识中，其相互运作决定了个体外在的行为，及内在的心理状态。愈能明了P、A、C三者的构造，愈是能客观地掌握自己的性格和性向。

在健全、正常的心理状态之下，P、A、C三者各自视外在的环境而运作，互不干扰。举例来说，工作时个体的自我状态是由A所主导；下班后到哪里逍遣散心时，却是由C决定个体的自我状态；回到家中，在孩子们面前表现出的自我状态的却又是P了。

相反的，一旦个体这三种自我状态无法自由运作而互相干扰、排斥，问题就产生了。凡事正儿八经，有着强烈使命感、责任感，排斥玩乐的人，是因为父母P的自我状态大过儿童C、成人A的自我状态，压抑儿童C玩乐的念头，干扰成人A"是该轻松一下"的事实判断。

而社会上公认"缺乏道德良知的人"，则是他的儿童C的自我状态胜过父母P自我状态的道德良知，而扰乱成人A"是否会伤害他人"的顾虑，表现出来的就是我行我素、反社会的倾向。

——"我要坚强地活下去！"
——说这句话的人是怎样的性格？

一般说来，个体的P、A、C三种自我状态互有程度差异，如果差异程度极大，严重干扰另外两个自我状态，心理问题应运而生，但如果有人有着相同程度的三种自我状态，大概也会被视为"怪人"。也就是P、A、

C三种自我状态占有潜意识的比例差异，形成了个体的人格：使命感强烈、好"指点"别人的人，父母P的自我状态较强；理想而冷静的人，成人A的自我状态较强；任性、孩子气的人，儿童C的自我状态较强。

我们将P、A、C的强度，用16页的图表中的圆形大小加以说明。

有时候我们会感觉茫然：什么原因使得某些时候的自己，陌生得有如外人？答案是：P、A、C三种自我状态中的某一个过分集中所致。

举例来说，大家常听说某女性与丈夫原本过着王子与公主般的快乐日子。突然丈夫死了，一向凡事由丈夫做决定的"公主"伤心痛哭之余，意识到日子还是要过下去，毅然抱起孩子，坚强地生存下去。什么因素使得一个人的行为转变得如此之大？

例子中的女性由于丈夫的突然过世，让她顿悟到自己得担起"母代父职"的责任，而显现出性格中坚强的一面。因此，柔弱和刚毅这两种互相矛盾的性格，事实上都是那个女性真实的性格。这也就是我们常会感叹"知人知面不知心"的原因。既然一个人的真实性格是如此难以掌握，因此实有必要对自己的性格进行广泛而深入的了解。

撇开自我本位的想法，客观地分析自己的行为，才能找出失败原因和缺失部分，将失败当作学习经验，坦率地承认，让思绪有好好整理的机会。如此才能不使事后反省沦为"马后炮"、成了毫无建设性的自我告诫。在做出让别人厌恶，自己也莫名其妙的行为前，有紧急刹车的机会。

希望借着下一章介绍的"自我状态构造分析"，你我得以更进一步了解、掌握自己的个性。

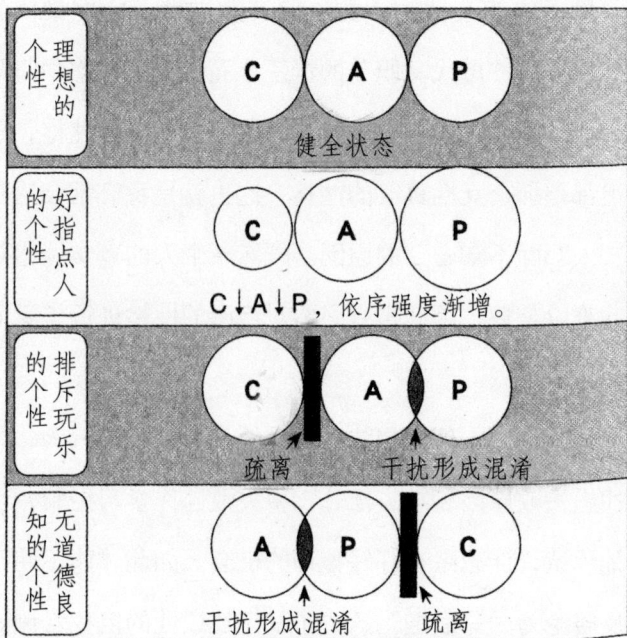

| 个性 理想的 | C A P 健全状态 |
| 的个性 好指点人 | C A P C↓A↓P，依序强度渐增。 |
| 的个性 排斥玩乐 | C A P 疏离　　　干扰形成混淆 |
| 知的个性 无道德良 | A P C 干扰形成混淆　　疏离 |

P：" 父母我 "，A：" 成人我 "，C：" 儿童我 "

## 四种"生活态度"当中，你是"积极型"，还是"消极型"？

——婴幼儿期的性格与行为模式

"人际沟通分析"理论最大的特点是主张个体基本性格在个体生命早期即已形成。此一基本性格称之为"人生的基本构造"或"生活态度"。根据"人际沟通分析"理论，人和人之间可能有四种"生活态度"：

1.我好——你好。

2.我好——你不好。

3.我不好——你好。

4.我不好——你不好。

　　以上四种生活态度，主要取决于个体婴儿时期母亲是否拥抱轻抚个体，传达母爱。婴儿由这些肌肤接触感受到"自己是否有存在价值？"、"这个世界可以让人信赖吗？"形成对人的基本态度。

　　或许我可以将母亲比拟成某种"滤嘴"，个体就在"滤嘴"的另一头，接收母亲传达给他（她）这四种生活态度中的一种，而且是唯一的一种。经由母亲，个体得以认识人生，养成某种特定的生活态度。这一特定的生活态度由于教育、教养更加根深蒂固，而个体与父亲、周边的人之间的接触，则使得这一特定生活态度复杂化。如此一来，伴随着个体一生的行为模式原型，就烙印在个体的内心深处。这一塑造过程，"人际沟通分析"理论认为大概在个体3～10岁之间完成。可见父母，尤其是母亲对每个人一生有着多么大的影响力。

——"天之骄子"型？"奶奶不疼，爹爹不爱"型？

"人际沟通分析"理论最主要的目的，不用说自然是希望能将个体导向第一种生活态度：我好——你好（I am OK, you are OK）。怀有这种生活态度的人，大多人际关系良好，注意自己的感受之余，也不忘对他人表达适度的关心。而在考试、工作、感情问题等方面，即使遭受挫折亦不轻言放弃，反而能更加努力，且不管努力的结果是好是坏，都能坦然接受，继续奋斗。只因他们笃信"天生我才必有用"的人生观。

而抱持第二种生活态度：我好——你不好（I am OK, you are not OK）的人，则多半表现出以自

我为中心的行为模式，潜意识地渴望带给别人困扰，由批评别人过失中获得自我满足。最普遍的例子就像约会时喜欢迟到，让人等得不耐烦；好吹嘘自己所知道的知识，炫耀自己的特长等。更极端的就是拿问题问倒别人为乐。比如说询问别人怎样才能施行某一计划，对方思考很久，好不容易想出某一方法，问问题的人却将这个方法的缺点一一挑出来，加上一句："你的方法行不通啦！"对方再想出另外的方法，得到的反应却是："这个方法我也曾想过，但我看还是行不通。"

对抱持"我好——你不好"生活态度的人来说，提问题的目的不在取得答案，而在于问倒别人，使别人难堪。通常在提出问题之前，他们早就想到了种种可能的答案，指出他人的方法中不够周到处，自然是轻而易举。如此一来，看着对方愣在一旁困窘的样子，"看吧！还是我行！"的满足感，也就不自觉地产生。

这一类的人，就是大家常见、所谓的"坏胚子"。

## ——"不负众望"的人与"自暴自弃"者

第三种生活态度是：我不好——你好（You are OK, I am not OK）。生活在这一态度阴影下的人，有着强烈的自责感，厌恶自己，不自主地排斥一切赞美、肯定自己的机会。比如说同样是听到公司内部谣传自己职位将更上层楼，一般的人大多会谨言慎行，更加努力工作。而有着"我不好——你好"生活态度的人恰好相反，他们开始心神不宁，举止失常，结果好运自然离他们而去，他们也只好自暴自弃地认定自己是个"一无是处的窝囊废"。为人处世消极悲观的人，大多是属于这一类型的。

说起来似乎很玄：一个人的心里面如果只是想着事情失败后将如何如何，到头来真的会失败。为什么？

因为人类能力极限往往让人无法想象，一旦受到鼓励和期许，就会使得内在无穷尽的潜力源源不断地涌出来，所谓"超水准的演出"通常就是在这种情形下发生的。

相反的，满脑子都是失败念头的人，自然而然只有当"失败者"的份了。只因从头到尾他都在暗示自己：你注定失败，而将潜能全用来验证自己的看法是"对的"。

第四种生活态度是"我不好——你不好"（I am not OK, you are not OK.）属于这一类型的人，最明显的行为就是凡事冷漠，仿佛借这样的举动试着和别人交往，尽可能不去接触外在事物。为了一点小事自杀的人，多半就是这一类型。既然这个世界没有值得信赖的人、事、物，自己也毫无存在价值，难免动不动就想自杀。如果回溯到他们幼年生活背景，大多是未曾得到母亲等亲人像样的抚触和拥抱，甚至于还是被虐待长大的。

经由以上篇幅的叙述说明，我们知道"周哈里窗户"和"人际沟通分析"理论的目的，是想将"与他人发生互动关系的自我"、"受外在环境影响而形成的自我"，用这些分析方法，具体地呈现出来。了解这种行为方式，应该就能掌握自己行动的方向和个性的优、缺点。

最后，再将这种生活态度归纳成像下面一样简洁易懂的图表。这个图表是小法兰克·安斯特构想出来的，安氏给它取了个很妙的名称：OK牧场。

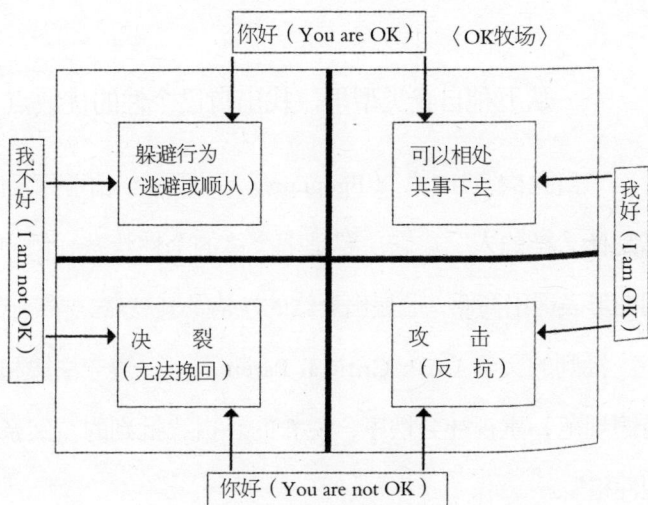

〈OK牧场〉

你好（You are OK）

| 我不好（I am not OK） | 躲避行为（逃避或顺从） | 可以相处共事下去 | 我好（I am OK） |
| | 决　裂（无法挽回） | 攻　击（反　抗） | |

你好（You are not OK）

# 你自己的"自我状态构造分析图"
## ——是长处，还是短处？

——从五种自我类型里，找出自己个性的优缺点

"自我构造分析"（Egogram）有助于个人了解"自己是什么样的人"。它主要是把个体的个性状态、倾向用图形表现出高低，凸显出个体的性格及其缺点。

批判的父母（CP；CritiCal Parent）——遵守法律和道德规范，重视社会秩序，说教的、自我批判的"父亲型性格"。

慈爱的父母（NP；Nurtuling Parent）——关心、体贴别人，温柔、充满人情味的"父亲型性格"。

成人（A；Adult）——客观实际地采取行动，凡事就事论事，不情绪化的理性型性格。

自由的儿童（FC；Free Child）——天真大方、悠然自得，想到什么就做什么的性格。

适应的儿童（AC；Adapted Child）——为了当"好孩子"，凡事察言观色，顺从父母、上司的要求，扼杀天性中随心所欲的部分，而去适应周边环境的性格。

以上所述五种自我状态，依场合的不同，时而为个体性格长处，时而为短处，无绝对的好坏，需视情况如何而定。所以请注意，次页图表并不是用来评断优、缺点，而是借此图表，让我们了解这五种自我类型彼此间的关系，对自己的个性能有初步而清晰的印象。比如说，个性缺乏P成分的人往往做事情没有责任感；缺乏A成分的人判断事情多半缺乏理性、客观的考量；缺乏C成分的人却每每杞人忧天过头，担心这个，担心那个，以及过分自我保护。

| 缺　点 | 五种自我状态 | 优　点 |
|---|---|---|

过分严厉，给
人浑身带刺的
压迫感

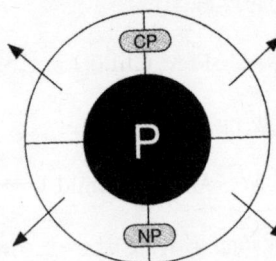

危险迫近，立
即发出警告
（看重生命、
安全；遵守纪
律、传统）

多管闲事，
放纵随便。

鼓舞、支持。

态度冷冰冰，
感觉如同电脑
一般。

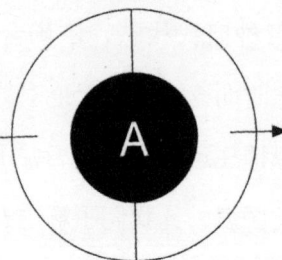

善长搜集事
实，解决问题
的意愿高；理
智、讲道理。

行为常脱轨，
反复无常。

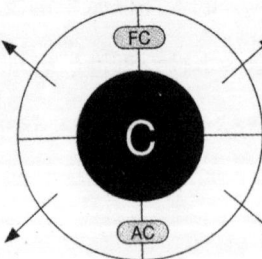

天真浪漫、悠
然自得；善于
应酬、交际。

任性、自闭、
怕生。

老老实实，顺
从指示。

## 心理学趣味派? ❶

### 你性格乐观，还是悲观?

看到下图中的缆车，你会直觉地认为:

①正在爬升

②正在下降

③停车中?

大多数男性读者的答案应该是①；相反的，也许有不少女性会选②。造成这种选择差异的原因就在于个性与习惯的不同。

个性乐观、开放的人比较可能选择①；而生性神经质、悲观的人，以及习惯用感性眼光看事情的人，往往选择的答案是②。

# 第二章

你的魅力何在？

## 所谓的男性化性格、女性化性格是什么？你的男性化程度多大？女性化程度又如何？

——男性化性格与女性化性格

德国心理学家亚培巴赫用图的方式，列举出男、女性格的特征。同样是德国心理学家的怀宁格，则提出著名的"性的牵引法则"，认为一个人的生理性别不管是男是女，他的性格里，或多或少都含有某种程度的女性化倾向，或男性化倾向。而这种男、女性化倾向的程度多寡，正是决定一个人男性化或女性化的主要因素。

假设某位男性的性格（第三性征）中有1/4的男性因素与1/4的女性因素，生理特征的比例也相同。那么，我们从他的第一性征（性腺和性器）来看，知道他是完完全全的男性，甚至有长胡子、变声之类的第二性征，同样无法找出丝毫的女性因素成分。但是，这位男性假如有1/3以上的女性因素成分，就算他的性器是男性的，他的五官、体型、力气，乃至于体毛稀少，阴毛呈倒三角形，总是会给人女性化的印象。

| 男性化性格 | 女性化性格 |
|---|---|
| 1.生活态度理性重于感性。 | 1.生活态度感性重于理性。 |
| 2.思考问题深入且合乎逻辑。 | 2.凭直觉看事情真相。 |
| 3.独立果断，不受他人意见影响。 | 3.决心易受他人的暗示和启发影响。 |
| 4.不讲究穿着。 | 4.十分注意流行事物。 |
| 5.对人、事的看法客观，不以自我为中心。 | 5.很清楚别人的情绪和感受。 |

事实上，所谓的男性因素100％的纯男性，以及女性因素100％的纯女性，都是理论上的假设，现实生活中并不存在。相反的，大家倒是常常见到一些女性化男性、男性化女性的实际现象。现代社会中，可以区别男、女性不同的事物越来越少，走在街上到处可以见到男、女性穿着相同的流行服饰，用同样的措辞交谈，有着相同的行为模式。有的人因而将这种男女性不再有明显区分的趋向，称为"中性化现象"或"双性共有化现象"。

## ——"女性因素"强的女性，钟情于大胡子型、充满男性魅力的男人

单就"男性因素"（M因素）和"女性因素"（W因素）而言，由于所谓"性的补偿作用"，M型女性和W型男性彼此投缘，而M型男性和W型女性性情相投。这些不但是理想的遗传组合，现实社会中，人们也本能地遵从此一"性的补偿作用"（亦即"性的牵引法

则"）。

女性因素强的女性，对大家所谓的"美男子"多半兴趣缺乏，反而倾心于满脸胡子、充满阳刚的男性。而女性因素强的男性对婀娜多姿的M型女性不来电，却钟情于个性强、"男人婆"型的女性。人们本能地想从异性身上找到自己没有的事物，不只是性的机能差异方面如此，在个性、能力等方面，往往也都有这样的倾向。

完整的"性的牵引法则"，除了M因素和W因素之外，还包括"心理的虐待狂"和"心理的被虐待狂"两种因素。

## ——虐待倾向者勇敢进取，被虐倾向者温和被动

虐待狂（Sadism）和被虐待狂（Masochist）是研究变态性欲的用语，研究这类变态心理学最有名的就是精神分析学始祖弗洛伊德。所谓"虐待狂"指的是经由给予他人肉体上的痛苦，获得性快感的"虐待性欲"。相反的，所谓的"被虐待狂"则是由承受肉体上的痛苦获得

性快感。乍听之下，很容易让人有"男性都是虐待狂，女性都是被虐待狂"的错觉。事实上，如果仔细观察，你会发现"女性虐待狂"和"男性被虐待狂"的例子，实在多得让人大感意外。

虐待狂（Sadism）和被虐待狂（Masochist）二词分别源出于法国贵族萨德（Doratien Alphonse Fransois de Sade），以及奥地利贵族马佐赫（Leopold von Sacher-Masoch）。前者的文学作品中经常出现性虐待的情节，而后者则在其作品当中，用许多篇幅描述被性虐待者的心理状况；许多事实也告诉世人，实际生活当中，不只是小说情节如此，萨德和马佐赫本人，分别就是虐待狂与被虐待狂。

可是本书所指的"虐待狂"、"被虐待狂"，并非

意味着变态性欲或性倒错，而是着重于讨论每个人的潜意识里虐待狂及被虐待狂倾向的程度多寡的问题。

例如，亚培巴赫就认为虐待倾向的人，精力充沛、意志坚强，属于"勇敢进取型"；被虐待倾向的人，较为柔弱胆怯、意志不坚，属于"温和被动型"。而这样的气质，从个体儿童时期的行为举止，就可以略见一二：虐待倾向型的男孩活泼好动，喜欢冒险，常常是大家所说的"孩子头"；相反的，被虐待倾向型的男孩，常是被欺负的对象，多半得靠他人保护，方能幸免于难。而虐待倾向型的女孩，则多半能在和男孩的吵架当中轻松获胜；被虐待倾向型的女孩演话剧，往往扮演小角色，听任虐待倾向的女孩使唤。

## ——受骗失身的女性多属被虐待倾向

虐待倾向型的女性，经常是学校或公司等团体的中心，众人注目的焦点，服饰上的打扮绝对是领导流行的那种人。如果她还是个美人，感情方面遭到抛弃的通常是男方而不是她。

　　就被虐待倾向型的女性而言，拒绝男性的求爱是极端困难的，若是对方请求，就算有些不情愿，也多半会答应和男方约会。被男性欺骗感情、下场凄惨的女性中的大多数，都属被虐待倾向型。她们不但不怨恨对方，反而还处处祖护着男方。

## ——你是"唐璜型"或是"诗人型"爱人？

　　一般而言，虐待倾向型的女性在情感方面敢爱敢恨；而被虐待倾向型的女性则被动消极，且抵挡不住虐待倾向型男性的吸引力。

　　虐待倾向型男性，凡事积极、大胆，爱好赌博性质的事物。特征是坐不住，讨厌静静地坐着不动，因为旺盛的斗争心，使得他们不做点什么事，就会浑身上下不舒服。感情方面，他们属于一时的爱欲享乐者，急于达到目的。这一点，如果换成是被虐待倾向型的男性，则每每会将爱情纯洁、精神化，认为夫妻感情要越陈越香才好。

相对地，虐待倾向型的男性却无缘于这类纯情的、"柏拉图式"爱情。被虐待倾向型的男性喜欢将异性之情，当作秘密般地长期珍藏于心中。一旦想将这份感情告诉对方，亦不愿开门见山地明说，宁可用送礼物、托第三者转告等拐个弯的方式表达；另外，如果半路杀出个程咬金般的虐待倾向型情敌，被虐待倾向型的男性就会默默地退出这个"三人世界"。

虐待倾向型的人与被虐待倾向型的人之间，最大的差别在于失恋时，前者很快就会断念、死心，不愿为遥不可及的爱情所苦；后者则陷入自怨自艾的情绪当中，潜意识地由这样的沉溺过程中获得满足。因失恋而自杀或殉情，正是被虐待倾向型人的特征。

# 由了解自己魅力所在，进而产生自信，洞悉人心！

—— 个性忧郁程度(N)、开朗程度(A)测验
"忧郁小生"尝不到成功的滋味？

首先测验一下你自己的个性忧郁程度(N)、开朗程度(A)。测验题里和你的情形相符者请答"○"，不相符者答"×"。两者皆非可以跳过不答。

（　）爱好社交活动，天南地北地聊天。

（　）不会为了某些不顺心的事情，整天愁眉苦脸。

（　）喜欢热闹、节奏轻快的歌曲。

（　　）以参加宴会为乐。

（　　）很容易就答应别人的请求。

（　　）与其待在家中发呆，宁愿到外头透透空气。

（　　）容易发怒但不会记恨。

（　　）喜好明亮的色彩。

（　　）一上床很快就睡觉。

（　　）容易跟着别人瞎起哄。

（　　）对于谣言、丑闻之类，特别感兴趣。

（　　）属于"大声公"型。

（　　）脸色、肌肤一般来讲，属红润有光泽的那一型。

（　　）拙于复杂的思考和推理。

（　　）做事态度虽然积极，却无法尽如人意。

（　　）喜怒哀乐情绪变化激烈。

（　　）身体肥胖，有着武大郎般的体型。

（　　）不喜欢洗热水澡。

（　　）体温较一般人来得高。

（　　）血压较高。

（　）外表容光焕发。

（　）经常便秘。

（　）常想将他人拥有的物品占为己有。

（　）喜好由乐观的角度思考事物。

这个测验主要目的是想测知你个性的忧郁程度和开朗程度，其中，开朗程度指数(AQ)的换算方式如下：

AQ＝（回答"○"的题数合计＋1/2〔未回答题数合计〕）×8

如果你的性格开朗程度指数超过100，即属个性开朗型；相反的低于100的话，则属个性忧郁型。至于100上下（95～105左右），算是个性中庸型。

值得注意的是测验结果，原本就不是用来说明个性开朗或忧郁的好坏，只是提供读者另一种了解自我的辅助工具。

## 男性化程度(M)、女性化程度(W)测验——

接下来是男性化程度(M)和女性化程度(W)测验。同样地，参考你自己的行为习惯，回答"○"或"×"，二者皆非的请跳过不答。

（　）对流行的事物感受敏锐。

（　）容易受到环境影响。

（　）天生具有演员般的气质。

（　）喜好穿着颜色鲜明、显眼的服装。

（　）喜欢跳舞。

（　）讨厌电视教学节目。

（　）不擅长科学方面的事物。

（　）爱好诗歌。

（　）好批评他人。

（　）非常喜欢遐想。

（　）偏好"苏州腔"胜于"山东腔"。

（　）喜欢抹上香水后才和人见面。

（　）与人交谈时，在意对方或自己是否有口臭。

（　）害怕看见尸体。

（　）厌恶西部片和武打片。

（　）不关心思想及政治方面的事物。

（　）喜欢摆龙门阵。

（　）对"爱情、伦理大悲剧"之类的东西情有独钟。

（　）无法不去注意谣言、丑闻之类的事物。

（　）缺乏运动细胞。

（　）夜里不敢独自一个人经过坟场之类的地方。

（　）不喜欢灰暗的颜色。

（　）上洗手间补个妆也会频频洗手。

（　）讨厌粗鲁、粗暴的人、事、物。

（　）比较擅长复杂、烦琐的手工工作。

这个测验的目的在于测知受测者个性男性化程(M)较强，或是女性化程度(W)较强。女性化程度指数(WQ)的计算方式如下：

WQ＝（回答"○"的题数合计＋1/2〔未回答题数合计〕）×8

WQ超过100，女性化程度较强；低于50则男性化程度较强。至于100以下属于中庸型，男、女性之程度大致均等。现实生活中，不可能找到所谓的"100％男性"和"100％女性"，有的只是男、女性化程度的多寡而已！

## 虐待倾向(S)与被虐待倾向(M)测验——喜好哪一项乐器？

以下的测验答题方式和前两个测验的回答方式相同，和你个性符合的请答"○"，不相符的答"×"。二者皆非者可以略过不用回答。

（　）与其听人使唤，宁可使唤他人。

（　）无视别人对自己的反对、不服从。

（　）喜欢从事设定计划之类的企划工作。

（　）胜负场合，一旦输了就勃然大怒。

（  ）认为柏拉图式的爱情无聊愚蠢。

（  ）非常喜欢赌博。

（  ）喜怒无常，常被戏称为"晚娘面孔"。

（  ）能够很快地从失恋的痛苦中重新站立起来。

（  ）做起事来精力充沛，神采奕奕。

（  ）喜爱军歌、进行曲之类的音乐。

（  ）崇拜成吉思汗之类统一天下的英雄。

（  ）喜欢革命家及冒险家。

（  ）对政治极感兴趣。

（  ）擅长演说、演讲。

（  ）比较容易迷信。

（  ）喜欢钢琴胜过于喜欢小提琴。

（  ）一般说来喜欢演奏轻快的音乐。

（  ）偏好观赏恐怖电影片。

（  ）擅长运动。

（  ）购物时不会困惑该买什么才好。

（  ）说笑话、打圆场是你的看家本领。

（  ）如有机会，必然会试试什么叫"狩猎"。

（　　）讨厌静静地坐着；如果不做点事，就会浑身不对劲。

（　　）凡事讨厌拖拖拉拉。

（　　）即使遭遇些许的阻碍，也不会引以为苦。

此测验的目的在于测知受测者的"虐待倾向"较强，还是"被虐待倾向"较强。虐待倾向指数（SQ）的计算方式如下：

SQ＝（回答"○"的题数合计＋1/2〔未回答题数合计）×8

如果你的SQ大于100，那么你的"虐待倾向"较强；相反的，如果SQ小于100，则你的"被虐待倾向"较强。如果指数在100左右，可以说两种倾向的程度大致相等。不过我们要特别声明：这里所说的"虐待倾向"及"被虐待倾向"，并未含有一般大众公认"变态性欲"的意味在内。任何一个个体而言，他的精神状态中，必然都含有这两种倾向，只不过两者的程度大小不同。

——找出你个性吸引人的特点，充满自信地迎
向未来

前面三项测验的结果，
可以归纳成右表：NA测验的
N表示"个性忧郁型"，A
表示"个性开朗型"；MW
测验的M表示"男性化倾向
型"，W表示"女性化倾向
型"；SM测验的S表示"虐
待倾向型"，M表示"被虐
待倾向型"。MD则表示中庸
型。

| 测验别 \ 类型 | N A | M W | S M |
|---|---|---|---|
| Ⓐ 好胜刚强型 | A | M | S |
| Ⓑ 一般不苟型 | A | W | M |
| Ⓒ 活力充沛型 | A | M | S |
| Ⓓ 稳健踏实型 | A | M | M |
| Ⓔ 自怨自艾型 | N | W | S |
| Ⓕ 纯纯的爱型 | N | W | M |
| Ⓖ 玩世不恭型 | N | M | S |
| Ⓗ 浪漫多情型 | N | M | M |
| Ⓘ 一见钟情型 | 中庸型有一个 | | |
| Ⓙ 放肆精灵型 | 中庸型有两个以上 | | |

Ⓐ好胜刚强型——强烈的独立心和吃苦耐劳个性

这一类型的人看似冷静，内心却满怀熔岩般的热

情。一般说来独立心强，坚持己见，为了实现自己的想法，能够承受任何苦难。喜欢读一些充满知性的短评，不好漫无目的、感性的聊天方式，偏好知性的话题。

　　因为内心深处有将恋人理想化的倾向，可能在某一时候、某种"契机"下，会突然地从恋爱的心境中清醒过来，只因恋人的举止和理想中的他（她）相差太远。然而，如果双方关系已进入相知相许的阶段，往往会无视于种种老掉牙的禁忌，沉溺于感官的爱情世界。他们认为因为相爱而有性行为是理所当然的。不过沉溺归沉溺，还是有着一定的限定。一旦对恋人的心灵魅力不再有所感触，即使仍有肉体上的结合，他们仍会很理性地结束这段狂热的爱情。行为经常让周边的人大感意外的，通常也就是这类型的人。

## B 一丝不苟型——理性、客观，有骨气

一丝不苟，守信用的性格。决心做某件事，不坚持到底地完成，就会感觉过意不去。例如，在公司上班，如果不将手上的工作完成，即使是用餐时间，也绝不会离开办公桌。

这类型的人绝少让人看清他真心所思。沉默寡言，让人有冷漠的感觉，拿他没辙。他们讲话态度理性、客观，就算动怒，说出口的仍然只是"本人无法忍受这样的事情"，而不是"不要愚弄人！"这类充满愤慨的话。

感情方面，他们并不重视性行为，认为和对方心灵相通就是莫大的喜悦。短时间的约会，即使只是互相望着对方，浅浅一笑也会满足。一份充满情意的小礼物，

会使他们深受感动。原因不在礼物本身，而在礼物背后那份情意。

然而，他们也有倔强、固执的一面，说出口的话，绝不轻易作罢，也就是大家常说的"有骨气的人"。由于不愿意明白地表示讨厌对方，多半会自然而然地远离那些让他感觉不自在的人。

## C 活力充沛型——生活在人情、义理的世界

这一类型的人，性格开放，对周边环境变化适应力强，待人处世态度极佳。不善于辩论，但若让他谈一些旅游见闻、购物经验，多能让人听得津津有味，有如身历其境。故交友广阔，人缘甚佳。事业上处事果断，属能同时进行多项事务的实力派。

生活态度方面，拥有绝对的信念，当作为人处世的

准则。

个性从小就坐不住、好动，体内似乎有用不完的精力。重视人情、义理，无法对他人的请托说"不"。性格中有"短路"之处，才会因操之过急而失败。对于恋爱充满热情活力，属于一而再、再而三，攻势不断的那一型。一旦中意，就会毫不犹豫地追求起来。不耐烦于写情书之类花时间的追求方式，只要看对了眼，就算是初次见，也会立即提议约会，直接表示求爱之意。脸皮极厚，不会在意对方是否感到吃惊意外。

D 稳重踏实型——脚踏实地，一步步地……

这一类型的人，凡事认真、苦干实干，个性保守，在许多场合给人害羞的印象。与其说是理想家，不如说他们能依

常识判断未来方向，毫无感觉地前进。不会幻想不可能实现的事，对任何事情都会有计划地、务实地付诸行动，让人觉得值得信赖，多要求帮忙，即使中途失败，或发现错误，也会使伤害减至最低，另寻生路。他们的行动或许迟缓，却总是能坚持到底。不但缺乏开风气之先的能力，甚至可说是反应迟钝，但本性正直善良，虽然因不擅长社交，让人感觉难以相处，交往越深，却越能感受他们个性的优点。

此一类型的人并不认为爱有如一场游戏，一旦发现对方心猿意马、对感情不专一，往往痛苦万分。结婚之后，不会坚持己见，伤害另一半。男性顾家，女性则热爱照顾小孩及做家务。

**E 自怨自艾型——唉！为什么是我……**

这类型的人容易迷失自我，多受制于人，很少能为自己选择该走的路，与人相处，十分在意他人对自己的看法："是不是被愚弄？""会不会让人觉得自己不行？"常常往坏的方面想。
特别是与一直信赖的人之间
的信赖关系出现裂痕时，钻
牛角尖的程度，简直让人无
法想象。是个性过分敏感，
还是天生劳碌命？姑且算是过分自以为是吧！

## F 纯纯的爱型——外柔内刚，凡事不屈不挠

这一类型外表虽如荒野
中的小花般我见犹怜，却是
不轻易被风雨所摧残、外柔
内刚型的人物。

表面上对异性仿佛漠不
关心，内心深处却是谨慎过度，担心碰钉子时会伤害自
己的自尊心。因此多半会耐心地等待对方注意到自己，
而不采取主动追求方式。对他们而言，大张旗鼓的恋爱
方式，是让人无法想象的。

　　暂且不论个性是否善于社交，单单是恋爱这件事，他们就无法充分发挥他们的社交能力。由于不善于表达爱意，很少直截了当地告诉对方自己的感觉。一旦成为情侣，伴随专情来的，往往是强烈的占有欲。选择约会地点不重视气氛的好坏，在乎的是能否有真正的爱的感觉。视婚姻为爱情的延续，注重心灵契合，强烈地认为性行为应留待结婚之后。倾向于相亲结婚而非恋爱结婚。

## G 玩世不恭型——再见一次面如何？

　　这一类型的人是相当冷酷的利己主义者。个性喜怒无常，任性自私，讨厌被人忽视或被抹杀，即使纯粹是虚荣心作祟，无论如何也要惹人注目，哪怕是现学现卖，总要谈些新的话题，甚至于耍些

小手段。例如：搭公车时让座给老人，目的在于想让人称赞他的义举。

感情方面一样冷酷，认为恋爱和结婚是两码事，自始至终都视恋爱为一场游戏。他们脑筋转得快，嘴巴又甜，不断让对方有新的惊喜，不会有所厌倦。因此连警戒心极强的人，也会解除心灵上的武装，投入其怀抱。其中，男性尤其擅长制造气氛，让女方感觉到自己是真心地约她出来见见面，继之而来的是，源源不断的轻声细语、情意绵绵。虽然原本只答应和他一起喝杯咖啡，由于气氛实在太好了，情不自禁地又会答应和他共进晚餐，在烛光美酒的推波助澜之下，自然而然地……让女方感觉有如置身春梦中。

### H 浪漫多情型——敏锐的直觉和优异的果断力

这类型的人艺术品味卓越，能够直觉地挑选出优秀的音乐、绘画作品。生活方面，往往无视于现实环境，有如生活在梦境一般。凡事以直觉作为判断标准，选择异性对象也是如此，选出自己所好，然后果断地展开追求。由于个性浪漫，倾向于将恋爱单纯化，一旦陷入爱河会不顾后果地往前直冲。喜欢将情人所赠礼物保存起来，如能贴身收藏，见到礼物就如同见到送礼的人，对他们而言是再高兴不过的了。因此，追求这类型的人最有效的方法，不在礼物本身，而在送礼物时的说辞。例如，送生日或圣诞节礼物时，"今天是我们俩第一次约会纪念日"的说辞，相信最能获得芳心。

此一类型的人的缺点在于过分热情，甚至让人有一厢情愿的感觉。由于感情来得快，去得也快，哪一天忽然觉得自己太热衷于追求爱情，转而一变成为工作狂之类的例子，随处可见。

## I 一见钟情型——受一瞬间的灵感所影响

I

这类型的人往往在相遇的那一刹那，就认定对方"才是应该在一起的对象"，倾向于一见钟情。这倒不是因为对方特别英俊或美丽，而是因他们重视自己在相见那一刹那所产生的灵感，并且在不知不觉中受到影响。

他注重与相爱的人之间的关系，凡事设身处地地为对方着想。只要是和恋人有关的，就算是芝麻小事，也在所不辞，这样对方不以心相许也难。经常赞美对方，甜言蜜语不绝于口，自然容易得到异性的爱。而言辞中不经意地流露出知性的魅力，很快便引起异性的注目。恋爱经验丰富，对求爱的方式、策略如数家珍，能够感受出恋爱时心境的微妙变化，从中获得游戏般的快乐。

个性早熟，不愿受拘束，从十几岁就开始轰轰烈烈地谈恋爱，甚至于大胆地同居，正是这类型人的行为特色。为了引人注意，应该是他们做出穿情侣装之类举动的最主要动机吧？

### ⑴放肆精灵型——受异性注目的"战士"

这一类型的人或许因为想象力丰富，充满了"战斗意识"，无时无刻不想引人注意，尤其擅长赢得异性的注目。他们除了与生俱来对美的事物的卓越品位外，吸收新的流行信息也来得较快，并且小心翼翼地表现在日常生活的一举一动中，如此一来，很容易引起异性的关注。女性浑身上下充满小妖精般诱人的魅力，男性则散发出肉感的性的吸引力。

初次见面时，这类型的人往往显得谨慎小心，一旦

有了好感，则会燃
起熊熊的爱的火
花，要求更亲密的
关系。虽然不至于
被对方给烧了，却
亦步亦趋，有着强烈的占有欲。在某些人而言，这些举
动可能代表着无微不至的浓情蜜意，但是一不小心，这
些都可能变得跟强力胶一样黏人，一样让人吃不消。例
如，在公众场合搂搂抱抱、亲热。外人可能会当他们是
热恋的情侣，当事人之一的对方，却感觉难以消受。这
类型的人十分重视心灵和肉体上的接触，所以双方很快
就会有肉体关系。一旦有了肉体关系，要和他（她）分
手，恐怕就不是那么容易的了。

心理学趣味派？ ②

**喜好哪一类型的音乐？**

**喜欢钢琴协奏曲的人，有虐待狂倾向？**

## 喜欢小提琴协奏曲的人，有被虐待狂的倾向？

观察一个人爱好哪一类型的艺术，通常有助于判断潜意识里的他（她）是属于虐待狂倾向，还是被虐待狂倾向。

一般而言，文学家多半会在作品中，加入或多或少的女性角色成分。如果该作家潜意识里有着虐待狂倾向，则极可能喜欢在作品里大量引用格言；而若是作品呈现出浪漫的、抒情诗般的情怀，则潜意识会倾向被虐待狂。

另外一个例子常见到却和艺术扯不上关系，那就是"顿悟型"充满机智的人，多数属虐待狂倾向。被虐待狂倾向的人，往往反应迟钝，缺乏灵机一动的能力。迷信的人不论从任何角度而言，多属虐待狂倾向；而被虐待狂相较之下显得较理性，深信科学，不为迷信所惑。虐待狂加上女性角色成分，显现出来的就是高度的迷信。女教主之流的人，不是很多都有虐待狂倾向吗？

音乐方面，爱好优美旋律、曲调的人，属被虐待狂倾向，喜欢快节奏曲子的人，则属虐待狂倾向。音乐原本就是倾向于被动消极，故作曲家大多有着被虐待狂倾向。但如果纯由音乐的形式予以考量，则进行曲之类的是属于虐待狂倾向。

乐器方面，喜欢钢琴、大鼓者，属虐待狂倾向；喜欢大提琴和小提琴的人则属被虐待狂倾向。中国民间乐器方面喜欢琴、柳叶琴、鼓的属虐待狂倾向，喜欢洞箫、笛、胡琴的人，属被虐待狂倾向。

因此，我们可以说，由一个人喜好的音乐形式、乐器种类，可以判断出潜意识里的他（她）倾向于虐待狂还是被虐待狂。

## 心理学趣味派？ ❸

**你有多少重人格？**

谈起"双重人格"，马上让人联想到英国作家史蒂文生的著名小说《化身博士》（The strange case of Dr. Jekyll and Mr. Hyde）。小说中的杰奇博士知道自己喝下某种药物，会摇身一变为海德而干下种种罪恶勾当，海德事实上也知道自己是由众所尊敬的杰奇博士化身而来。也就是说这两种性格间有着"记忆的相连"。但是，真正的"双重人格"，不可能有这种"记忆的相连"，或是单方面的记忆；不是A性格、B性格间找不到相似点，是单单A性格有着B性格的记忆，包含着B性格。

心理学者威廉·詹姆斯（William James，1842～1910）举例：某人以另一性格在外地用不同名字，从事不同的工作两个月。他的两种性格间并无"记忆的相连"，我们却可以从催眠状态中唤醒他的"第二人格"。另外电影《三面夏娃》之类的病症，也是常见的"四重人格"。最让人吃惊的是某些年轻女性，竟然有"十六重人格"，且当中还夹杂着两个男性人格。这一切都告诉我们："每个人的内心深处，不为人知的部分是如何地深不可测。"我们或许也可以这样说："多重人格是由个体个性中遭受压抑的愿望化身而来的。"

## 《性格分析》
## 外向性与内向性——知之者必能左右逢源！

——内向性并不比外向性来得差

男女间的性情相投，多半有着相对立的个性倾向，例如：虐待倾向的男性，配上被虐待倾向的女性；或是被虐待倾向的男性配虐待倾向的女性；和M要素与W要素间的关系一样，于异性身上寻找自己所没有的，"性的补偿法则"，即足以说明这种现象。同样的，"内向性"与"外向性"也适用于此一补偿法则，如果我们将人的个性分为内向性和外向性，则内向的人的另一半，最好是外向的人。

　　大部分的人个性或多或少都兼有内向外向两种倾向，何者的倾向较强，表现出来的就是个性的内向或外向。这一点不用再加以说明，知道的人想必也大有人在。

　　然而，各位所知道的印象，大概也仅止于字典里三四行的说明文字。字典上是这样写的："内向（introversion），心理学名词。为心理分析学者荣格所倡用，系指性格类型的一种。其主要特征是将兴趣与注意力集中于自身的内在思想与感受，对人际接触与交往缺乏兴趣，对外在的物理与社会环境也较少外显行为。"

　　事实上，性格的内、外向，并不是三言两语就能解释清楚的。

　　在了解自己或别人个性的过程中，首先一定要有的

观念是：个性无好坏之分。或许有人要问："难道杀人放火者的个性，也不能算是坏吗？"答案是："这些人的行为是心理疾病所致，而非个性使然。"

我所说的外向性、内向性或是歇斯底里、躁郁，指的是个体基本个性。将性格分为内向、外向的瑞士心理分析学者荣格，早就阐明内向性格并不比外向性格要来得差，肯定内外向性格的存在价值。一般人常把个性内向和精神疾病联想在一块，然而因性格过分外向引发精神疾病的案例，却也时有所闻。总之，个性的比较，只不过是"差异"问题，谈不上优劣、好坏。

## ——性格的八种类型

荣格对内向性、外向性的定义如下——

## 《外向性格》

人格特征为注意力及兴趣外向，容易对于外来刺激（尤其是别人）起反应及易于冲动。极端外向可变得具攻击性，过分依赖集体的认可，不能独立活动及思考。

## 《内向性格》

思想总是内向，不善于适应社会环境以及表达情绪。耽于白日梦和自我思考，总是反复斟酌方下结论，在压力下容易退缩。

这个定义说明稍嫌艰涩，简单而言，个性外向的人属经验取向的现实行动者，个性内向的人则以自己的意志而非经验决定行事方针。荣格并进一步将内、外向性格细分为下面八种类型：

①外向思考型——重视客观事实的结论，抑制情感的表现。

②内向思考型——对事物常有独到的见解和看法，得以发挥其个性，但有太过于以自我为中心之虞。

③外向感情型——自我本位的行为虽多，本质上却是想和外界取得调和。由于性格外向，缺乏主体性，故

常予人没个性的印象。

④内向感情型——乍看之下觉得冷淡、无情，内心深处却有着深刻而纤细的情感。由于表达能力不够，常为此与他人发生争执而深受其苦。

⑤外向感觉型——及时行乐的现实主义者。

⑥内向感觉型——对内在自我的关心大过对外界的关心。无法将内心纠葛形之于外，故常会与人格格不入而苦恼。

⑦外向直觉型——对事物的评断，有自己一套的价值标准，对一般的评判标准不予认同。

⑧内向直觉型——毫不关心外界的评价，仅仅生活在自己构筑的内在意象世界中。

研究指出（荣格本人也这样认为），没有一个人是完完全全属于以上八种类型中的任何一个，现实生活中可以见到的都是"混合型"。

## ——由"心理同心圆"了解人际交往方式

内、外向性格的差别可以用下图的同心圆表示出来。越是接近圆心部分，对个体而言越是重要，可以说是私我程度的领域。粗线部分是所谓的"心理境界线"，这条线以内的领域属于不容他人轻易进入的"心理地盘"。性格内向的人，心理境界线位于同心圆的较外侧，因此让人觉得难以接近，看不透他的内心世界。相反的，被认为性格外向的人，心理境界线则较偏同心圆内侧，性情开朗、坦率。虽然或多或少都有不欲人知的隐私，即使别人知道了，也不会引以为苦。

在此我仍须再次强调：性格并无好坏、优劣之分。

心理境界线
（PsChologiCal Territory）

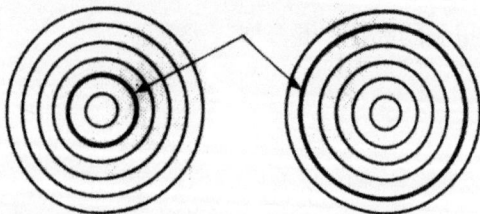

〈心理同心圆〉

一般人常以为个性内向是缺点，但是从整体的性格观看来，这种论调只不过是毫无根据的误解。至于外在表现的好坏，就要看每个人的个性产生良好作用还是导致坏的结果而定。就以这个同心圆为例子，若是能突破性格内向人的心理防线，对方必然成为你惺惺相惜的挚友。如此一来，不禁让人怀疑"外向性格"真的优于"内向性格"吗？从同心圆看来，要突破性格外向人的心理防线，恐怕还有一大段的路得走。

## ——莫瑞的性格判断术——建立良好人际关系须知

美国临床心理学者莫瑞仔细研究、分析荣格的内向、外向学说后，归纳出人际交往过程中，内、外向人的行为特征，希望经由以上的介绍，能够作为你了解自己或对方的参考。

### 〈外向者特征〉

①喜欢和他人相处，并能很快地交上朋友。置身于

陌生的人群之中亦能安然自在，不会存有逃避的念头。

②参与不受限制的社会活动，争取主导权。个性热情，富攻击性；支配欲强，感情外显。

③一般而言，颇为相信别人的善意；对于敌意则自信能够予以击溃。

④在适当的时机圆滑而充分地表达自己的情绪。

〈内向者的特征〉

①喜好独处，选择信赖的人为友，哪怕这样的人只有一个。

②团体聚会总想置身于团体外围，担心处于团体中心时，自己会不知所措。不好自我表现，渴望不为人所注意。

③神经质、自我意识过剩：由害怕和自卑感作祟，行动受限，举措不足。

④仿佛藏身在自我防卫的"壳"中一般，沉静少言，外人难以接近。

⑤性情多疑；缺乏在紧急情况下，妥善处理事物的自信。

⑥对事情的结果没有自信，故抑制情绪表达，迟迟不能下定论，如此一来，就算是不情愿，也只能将所有的不满隐藏心中，经年累月，总有一天会爆发出来。

看完以上的描述，恐怕你还是会认为内向性格比较不好。但是，切勿如此。因为就像小孩子太瘦不好，太胖了也伤脑筋的道理一样，人们发泄不满的方式，有的是满嘴的牢骚不停，有的却像山洪暴发。方式因人而异，谈不上好坏。

## ——性向检查——找出你真正的个性

接下来，试着用一般所谓的"性向检查法"，测验出你或对方的性向指数，看看自己是属外向性格还是内向性格。

〔性向测验〕

用"○"或"×"作答，模棱两可、二者皆非的可跳过不答。

①（　）常为琐事而愁眉不展。

②（　）凡事谨慎小心。

③（　）别人说自己阴郁深沉。

④（　）我每次失败后立即自我反省。

⑤（　）沉默寡言，不健谈。

⑥（　）凡事不做则已，否则必然全力以赴。

⑦（　）耐性强，能忍人所不能忍。

⑧（　）别人常说自己爱讲道理。

⑨（　）与人争辩时容易动怒。

⑩（　）行事有计划且详尽周密。

⑪（　）喜好遐想。

⑫（　）常被指责有洁癖得过了头。

⑬（　）重视自己所拥有的东西。

⑭（　）不好与人争。

⑮（　）朋友说自己老是一副苦瓜脸。

⑯（　）个性十分倔强。

⑰（　）一般说来好不平则鸣，有诸多不满。

⑱（　）想到自我评价就不知如何是好。

⑲（　）好批评他人。

⑳（　）极端厌恶被人使唤、命令。

㉑（　）绝对不愿让别人知道自己的秘密。

㉒（　）念念不忘某些悔恨已晚的事情。

㉓（　）个性腼腆、害羞。

㉔（　）宁可独处，不愿置身于人多的场所。

㉕（　）想法消极、畏首畏尾。

㉖（　）富决断力、决策迅速。

㉗（　）容易改变主意。

㉘（　）"坐而言不如起而行"的行动主义者。

㉙（　）大体而言，生活态度悠闲，从容自在。

㉚（　）喜怒哀乐形于外表，藏不住心里。

㉛（　）喜欢参与聚会和参加宴会。

㉜（　）高兴时又蹦又跳、雀跃不已！

㉝（　）动作干净利落。

㉞（　）做事喜欢风风光光，注重排场。

㉟（　）工作时能很快进入状态、全心投入。

㊱（　）常常花些不该花的钱。

㊲（　）喜欢参与社交活动。

㊳（　）好摆龙门阵，喜欢幽默有趣的话题。

㊴（　）对别人奉承自己的话，容易信以为真。

㊵（　）偏好命令、使唤他人。

㊶（　）虚心接纳别人的意见。

㊷（　）细枝末节处亦十分注意。

㊸（　）富同情心。

㊹（　）与任何人交往都能很快地结为朋友。

㊺（　）擅长演说。

㊻（　）能神色自若地与思想、信仰不同于自己的

人交往。

㊼（　）喜欢关心、照顾别人。

㊽（　）请人要比被人请来得心情愉快。

㊾（　）常被人欺骗。

㊿（　）常因轻易相信别人而失败。

### 〈测验的计分方式和判定标准〉

首先将①～㉕回答"×"的题数，加上㉖～㊿回答"○"的题数，所得数即为"外向性格计分"。其次用

下列公式：

$$性向指数 = (外向性格计分 + \frac{未回答题数合计}{2} \times 4) \text{ 计算}$$

即可得出你的性向指数：大于100分者，属外向性格；少于100分者，则个性偏内向。以下即是各种性向指数的分段说明：

**61分～80分——择友标准严格，防卫他人的闯入**

重视自我的内在层面远胜于其他的事，故境界线偏外侧，防卫他人的闯入。择友标准十分严格，所以朋友数虽屈指可数，但必然都是十分知心的友人。外表冷漠，心却古道热肠，这点只有与之交往甚久，得其信赖者方能明了。评断事物理想色彩浓厚，主观、不易为人所左右，择善固执的苦干实干型人物，却也因此容易流于独善其身，甚至走上"自我厌恶"的道路。

**81分～100分——不屈不挠、直到最后一秒钟的责任感**

性格虽属内向，却颇为实际，表面上亦能表现得开朗、快活。责任感强，行事稳重、沉着。内心对事物予以合理的考虑，对外态度谦恭谨慎。视俗务为事不关己，多少含有批判的意味在内。由于过分慎重或是太过在意别人的感受，决策时常举棋不定；然而一旦下定决心，就必定会全力以赴，贯彻到底。

### 101分～125分——协调能力出众的现实派

外向中见谨慎的性格。富协调能力，忠于达成组织目的。顺应体制，对既存事实多能痛痛快快接受的现实派。凡事顺其自然，不强求自己亦能宽以待人。虽然对复杂又烦琐的事物没辙，但由于立场客观，多能一语中的，顺利推动工作。心胸开放，为人四海，容易和别人打成一片。十分在意他人对自己的评价，心里总想满足周边所有人的期望，故例行工作亦能毫不马虎，做得漂漂亮亮的，多半是这类型的人。

### 126分～155分——稍微欠缺持续性的行动主义者

厌恶一切低效率、徒劳无功的事物，而好强迫他人接受自己的做事态度；不顾一切，蛮干到底的类型。凡事态度积极，对周边环境变化感觉敏锐，且能适时而巧妙地予以回应。判断事物正确而快，却也不无欠缺持续性之嫌；加上个性急躁，多少有些爱出风头的倾向。情绪起伏不定，容易生气动怒，宜小心避免。

一般而言，得分未满50分或高于156分的人大概没有；若有人如此，可能是心理上有某些问题（注意：这不表示有心理疾病），不妨试着找出问题所在。

## 心理学趣味派？④

### "配对假说"——

### 休息时间，向美女搭讪的会是谁？

"配对假说"——相配的男女较可能成为情侣，经由美国心理学家奇斯勒等人所做的实验获得证实。首先，他们以做智力测验为名，集合一群大学男生受测，再将这群受测学生区分为：测验成绩让实验者感到十分满意

的"高自我评价组"，与测验成绩让实验者感到生气的
"低自我评价组"。后奇斯勒等借休息时间，和这些受
测学生轮流到西餐厅喝喝饮料。事前，奇斯勒等早已安
排某一位相识的女性在该餐厅等候。此一女性借着改变
穿着或化妆，时而显得娇艳动人，时而显得姿色平庸。
奇氏介绍二人互相认识后乘机离席，暗中观察男学生是
否探问女方的电话号码，或约女方看场电影之类的举
动。结果如何呢？属"高自我评价组"的受测男生，在
女方显得艳丽动人时，大多会采取上述之追求行动；相
反的，属于"低自我评价组"的受测男生，大多会在女
方姿色平平的情况下，做出上述的举动。

异性相吸乃人之常情，但是这个实验告诉我们：人们
往往在自尊心（此一实验的"自我评价"）和担心碰钉
子的心理因素作用下，选择和自己相配的异性。

## 心理学趣味派？ ⑤

**明知《结婚圈套》会骗人，还是被骗？**

## 不妨动点脑筋，耍耍诡辩的手法

"尽可能地早些结婚是女性的职责，尽可能不要结婚则是男性的职责。"说这句话的人，是英国的剧作家、评论家萧伯纳。

甲小姐是大家公认的美女，虽然想和男友早些结婚，男友却老是支吾其词，迟迟不肯。有一天，男友对她说："你知道我想和你做什么吗？如果你猜中了，我们马上结婚。就这样决定了，知道吗？"

满心想和男友结婚的甲小姐，绞尽脑汁，终于想出答案，如愿以偿地步上红毯的一端。

那么，甲小姐想出的答案是什么？

甲小姐回答"你不想和我结婚吗？"即可。猜中的话，男友自然要遵守约定和她结婚；猜不中，反而变成男友向她求婚，结果还是结婚。

这个答案是从古来有名的诡辩法中脱胎得来。

## 心理学趣味派? 6

**凡事都只有二分法吗?**

**请仔细观察看看!**

右边的Ⓐ、Ⓑ、Ⓒ三图, 各是什么图画? 请从远处眺望、近处细看。

这些图形就是所谓的"多义图形"、"隐藏图形", 图中各自隐藏着另一种图形。

图Ⓐ看起来像是向左看的鸭子呢, 还是向上瞧的兔子呢? 图Ⓑ看似人脸的侧面, 又好像是老鼠。那么图Ⓒ呢? 不管是远看或近观, 相信都会浮现出驯兽师的影像吧?

# 第三章

人们为何言不由衷？

## 人们常常言不由衷，却感叹"做人难"的心理纠结

——你的自卫本能保护你到什么样的程度？

人们经常下意识地想要忘掉不愉快的经验，犯了错也总是为自己的行为找寻借口。这一切都是后天养成的，自然而然想要保护自己的适应方法，亦即为了让自己从紧张状态中求得解放，以间接方式转移目标的一种心理过程，心理学上称之为"防卫机转"。此一心理过程多半着重于保全个人自尊心和消除不满，所以也称为"自我防卫机转"，它起因于不想伤害自己的欲望，是一种借由否定和伪装欺瞒自己的方式。

## "性情别扭"和"坏心眼"是什么样的心理?

①凡事唱反调的人

②将个人的失败归咎于外的人

③对别人的蒙骗、搪塞耿耿于怀的人

④极端讨厌男人的女性

⑤爱看黑社会电影的人

身为上班族的M(25岁),和周边的人格格不入:别人谈笑风生,他则满脸不屑一顾的表情。人家要去酒吧,他却说要去串烧店,转头就走。平日东拉西扯,说话好用艰深的字眼。总之,大家公认他是个"讨人厌的家伙"。

就M的个案来说,他的自卑感使他有惹人家不高兴的念头,且自我辩解,认为自己若是认真的话,表现一定更好。考试成绩差的学生,不怪自己不用功,反而归咎于试题太难、分配不当;操守不佳的人,刻意强调别人的欺骗行为;把个人达不到的野心、愿望,寄托在小

孩身上,要求孩子上进与要求自己更认真教育的妈妈;
甚至一般人都会将自己的不满、缺点和失败归因于他
人,强调别人也一样,借以掩饰自己的自卑感。此一过
程即是防卫机转中的"投射作用"。

### 讨厌男人的女性——
### 为什么被碰一下就会起鸡皮疙瘩?

投射机转最常见于被害妄想的人,而疑心重的人当
中,也可以找到相同的态度。少见而极端的个案则如:
考试成绩太差的学生认为老师心存偏见,蓄意整人;同
样的,嫉妒心往往源于对配偶以外异性的性欲投射;讨
厌男性讨厌得连被碰一下都会起鸡皮疙瘩的女性,比一

般女性更压抑个人对异性的注意，才会有如此的反应；少数女性常发牢骚，表示男人看她的眼神下流，甚至疑心他是色狼、变态，可能正是她对"性"的强烈好奇心遭到压抑下的投射。

总之，人们抱怨自己为何发生这种事的同时，他（她）受到压抑的潜意识（欲望、情感等等），会找寻出口，而以扭曲的形式表现出来。

另外，人们模仿自己尊敬的人物，崇拜某个团体的成员，自以为和他（她）一样，或是属于该团体的一员，这些行为表现的潜在因素，多半是为了满足现实生活中凭自己力量所无法实现的欲望，乃至于减轻不安的心理。这种安定自己的心理作用，属于防卫机转中的"认同"作用。人们借由模仿动作、服装，以及说话语气，吹嘘自己的家庭背景、出身的学校，把自己当成所热爱的电影、小说中的主人翁，而从中得到了满足。

看完黑社会电影，走出电影院的年轻男性，也许是主观印象吧，似乎沉醉在"黑社会的英雄"世界里，走起路来都会有如螃蟹一般张牙舞爪、自命不凡；歌迷、球迷因自己喜爱的歌星、球员表现杰出而感觉满足，或是自己支持的球队比赛胜利、所属团体中出现优秀人才，进而觉得比其他团体来得优越，都可算是"认同机转"的作用。

### 代偿行为——这是什么样的心理?

①爱用几十年前得奖奖品的人

②溺爱宠物的人

③突然开始花用储蓄存款的女性

首先，让我们看看一个女性当事人的个案——

S女士，家庭主妇（53岁），曾经在中学时代得过作文比赛的第一名。私底下，都已经五十好几的她，仍然爱用当年所得的奖品———支钢笔和木制笔盒。

M小姐（36岁）养小狗当宠物，常见她把小狗抱在膝盖上耳鬓厮磨，还对着小狗说话，疼爱到简直可说是溺爱的程度。

A女士（48岁），结婚17年以来，一直是众人眼中恩爱圆满的夫妻。突然之间传出丈夫外遇的消息，A女士知道后，便将17年辛辛苦苦积蓄下来的数百万存款全部提清，随手大肆购物，一个星期之内花得一干二净。

人在难以取得真正要的目标时，似乎是为了得到替代的满足，可以见到转向其他目标的代偿行为。例如：没有小孩的人，异常疼爱宠物；对配偶的不满，由溺爱小孩获得补偿；异性恋无法满足，转而以同性为性爱对象；无法得到异性的感情，改以持有该异性的个人用品，消除因无法满足引起的紧张情绪。

这些代偿行为若是社会规范允许的，则叫做"升华"，像性需求和大悲、大怒之类，不为社会规范所接受的欲望和情感，并不直接明白地表现出来，而是透过社会规范所认同的文艺、绘画、雕刻和音乐等形式，求得心理上的替代满足。丧偶者充当义工、义务看护，在心理学上可以解释为"性爱的升华"。而年轻人的斗争欲、优越感，转化成运动竞赛或登山活动；失恋者借由创作杰出的艺术作品来转换心情，都属相同的心理作用。

前述S女士的个案可以视为她回味往日的光荣，借以慰藉她对自己身处环境的不满。M小姐的个案则可明显地看出她内心深处对爱情的挫折感——溺爱宠物是因为感情无处寄托而引起的挫折感。至于A女士虽然内心想演出"婚外情"来报复先生的出轨，却没有勇气付诸行动，只得大肆购买平日想要、但是买不起的高价品，借以消除自己的挫折感。

### 退化现象是什么样的心理因素造成的？

①好提"当年勇"的人

②老说自己"近来颇为吃香"的人

曾经在一家小酒馆里看到这样的情景：一个五十岁

左右的主管级人物，得意洋洋地向着在座的年轻人，吹嘘自己的陈年往事和过去的功绩。常见的景象是，他本人说得兴高采烈，旁边的人却听得扫兴极了！

个体在心理上寄托于儿童时期所被允许的情感，使得行为受到"昔日好景"式感情的心理制约，而出现幼稚或退化现象，这就是逃避机转中的"退化"作用。小孩常为了要得到父母亲的关爱，使用幼儿语或撒娇。一旦身体长大后，犯下大错却仍期望周边的人用"小孩嘛！没办法"的态度看待，而且像小时候一样原谅自己，这种情形有可能是他（她）尝试伪装成幼儿，想要逃避解决现实生活中遭遇的种种难题。

初次离开父母身边远赴异乡就学的游子，在无法适应新的生活环境时，挫折感常导致他（她）回想往日家乡的美好生活，这种"思乡病"也是"退化"行为的一种。

挫折感有时反而透过自吹自擂的方式表现出来，并不见得会到处吐苦水、牢骚满腹。好提当年勇，吹嘘个人过去丰功伟业，正是那些赶不上新的时代变化，对工作无法适应而充满挫折感的人，想要忘记现实，只好求诸过往的"丰功伟业"吧！

例如，丈夫对妻子说："说了你也许会认为我是在胡扯，我在公司的女同事眼中，可是最有人缘的人哩……"

"……"

又如，对女朋友说："太受欢迎也有好有坏啦！像昨天公司的联欢会，我在女同事之间可是很吃香的哦！"

"……？"

突然之间，一个人开始惺惺作态而且频频大吹大擂，净说些自己如何吃香喝辣的话，差不多可以确定此人已渐渐呈现退化症状。退化现象的成因因人而异，可能是最近感到精力衰退、心灵空虚，连女孩子都改口叫自己"大叔"了，这才愕然惊觉自己已经到了这样的岁数。

……尽管如此，自吹自擂的内在层面，往往意味着渴望——"他人看重自己，讨自己欢心"之类的心理需求。这一点和小孩子因为弟妹的出生，感觉父母亲的爱不再全部倾注在自己身上时，行为举止倒退回婴儿时期，出现尿床和吸吮手指的现象，有着相通的道理。

## 遁入独我、幻想世界的心理

逃避机转中还有一类叫"退避"——避免和困难状态接触，孤立于他人之外。不说话，态度抗拒，失去和他人的情感共鸣，躲在个人主观世界里的自闭症也包含在内。

此外，逃避机转中，有一种属于"幻想性逃避"。它企图把现实世界无法满足的欲望，在幻想的世界中达成，亦即所谓的"妄想"、"白日梦"。当自己是小说的主人翁，耽于胡思乱想，崇拜明星，幻想自己身处华丽、盛大场面的情景，都是常见的例子。

幻想性逃避只能暂时满足平日受到压抑的自我要求，一旦重回现实生活，不安、紧张依旧。总之，逃避只能逃避现实困难于一时，却得不到真正的满足，紧张感并不会因此而消除。

## "酸葡萄"和"老王卖瓜"

①运动狂

② "好女要跟男斗"的女性

③脸蛋没自信的女性，穿着"超"迷你裙

④秃头男人，脚穿进口昂贵皮鞋

⑤盲目追赶流行的男女

⑥想专心致力于工作，所以不结婚的男女

　　个体在自己的某种要求无法满足，觉得无力、自卑时，为了消除这些心理纠结，会下意识地发挥他（她）其他方面的别种能力，企图拾回优越感，这一心理作用就叫"补偿"，属于防卫机转的一种。

　　强调竞争的现代社会里，所谓"不如意事十之八九"的情况下，挫折感、

自卑感在所难免，而"补偿作用"也就屡见不鲜，它的开始亦从承认自己不如人、不完美起步。失败可耻，让人难以接受，所以个体想在其他方面取得补偿，希望能超人一等，起码也并驾齐驱。借着补偿行动，尝试消除挫折所带来的紧张感，而我们可以说，在自我意识强的人、神经质的人和水准高的人身上，经常可以看到这类的补偿行为。

例如：学业成绩差的学生只对运动着迷，想要体会优越感的滋味；长相缺乏自信的女性在工作方面刻意与男人较量，固执己见；而升迁已无指望的上班族拼命兼差，炫耀自己的经济能力也属同样的心理作用；不良少年以强欺弱、窃盗等等行为也都是补偿心理在作祟。

至于身材、长相所引发的自恋情结，不妨看做是促

使对自己脸蛋缺乏自信心的女性穿着超短迷你裙，秃头的男人足蹬舶来昂贵皮鞋的主要原因。

另外，有的人很容易受制于时尚、流行，有的人则视若无睹，毫不在意。一般说来，前者以女性居多，她们较关心且追求时髦，这一点可能源出于女性独有而心理学上称为"认同性"的气质；虽然最近男性中显而易见地也有不少追求时尚者。总之，这些人都属于"顺应体制型"，而且他（她）的行为正是缺乏自信的表现。反过来说，他（她）想借着对他人表现权威、威信，补偿自卑感来转换心情。比如：考试考砸了，归咎于试题本身、身体不适等种种理由和借口；过了适婚年龄的女人表示有许多人来提亲，自己迟迟未婚是因为太过专心致力于工作方面等等。像这样子，人们不愿坦率承认自己的失败和缺点，反而找尽借口说辞，将自己的立场和行为正当化，以保持自我价值的防卫机转，就叫做"合理化"。

《伊索寓言》里那只狐狸吃不到葡萄，悻悻然断言葡萄是酸的——降低目标价值来使自我获得接纳，正是

"合理化"行为的代表典型。相反的，"老王卖瓜，自卖自夸"则是将微不足道的小事，夸张成价值十足而满足自我。

上述行为虽然人人都有，若是偏差过头，将自己个人的问题全部归诸他人引起，却不反省本身的缺失，则只会阻碍个人的成长。

### 无意识地压抑自我的心理

①不小心写错字

②管教严格家庭出身的女孩，表现出厌恶男性的态度

③吹嘘自己下流德行的"唐璜型"男性

你偷偷喜欢上一个就道德观点而言绝对不该喜欢的人，心中必然会有所压抑。事实上，人们时常在无意识之间抑制不该有的欲望和冲动，避免表现出来，并且希望能保持心理安定，这种心理过程，属于防卫机转中的"潜抑"。

精神分析学者表示，对性欲的憎恶、攻击，遭受压抑的倾向越强，越可能清楚地出现在梦境中，或是象征化。弗洛伊德在《日常生活的精神分析》书中，举出很多的惯例，例如：记忆丧失、不小心写错字、说错话等等，都可说是压抑所引起的；无意识的失败，通常是对某种事态和局势的适应。

此外受到压抑的欲望需求，有时也会以截然不同、甚至完全相反的面貌呈现出来——对恨之入骨的人，反倒压抑住憎恶的情感，表达出友善的态度，这在心理学上称作"反向作用"。

在家教严谨家庭中长大的女孩子，表现过度的洁癖和厌恶男性的态度，内心却充满对异性的好奇心和关注。内在与外表显得十分矛盾，压抑个人欲望的反向作用于是形成。

一些"唐璜型"的男人时常半开玩笑地对女性毛手毛脚，吹嘘自己的风流韵事，实际上有不少人可能是为了掩饰自卑感，而故意伪装的反向作用态度。相反的，越是对异性有洁癖的人，越是压抑对性的强烈关注。

　　有时候，人们要防止某种行动表面化，会企图借着完全相反的举动，抑制自己的欲望。陷入悲伤情绪的人高声大笑，内心欢喜却装作若无其事（或是难为情），以及心中提心吊胆，嘴上依然好强、逞能等等。敌意的反向作用还包括丈夫对太太异常亲切，妻子对老公百依百顺，甚至于亲友、同事之间的诚实、礼节、谦让之类的行为，都可能是憎恶、轻蔑的反向作用。

　　一般说来，道德意识、嗜好和思想上的偏见，多半是从反向作用产生，一旦这种适应机转又固定下来，就会塑造出顽固且缺乏通融性的人格。


## "攻击！目标：阻碍自我满足自己需求的人" ——这是什么样的心理作用？

　　需求强烈却遭阻拦，各种欲望在内心交战，都会让我们神经紧绷、感觉强烈不安。"适应行为"就是人们为了消除紧张，早些脱离不安且不快状态的种种尝试反应。一般相信，个体面对挫折、冲突时，不管是正常或异常的人，都有一些类似、共通的行为类型，心理学上叫做"适应机转"或"适应力学"，在理解人如何适应外在环境方面颇有助益。

"哎！这种倒霉事为何发生在我身上！"
——挫折感何去何从？

个体在挫折感随着不愉快、愤怒及欲念累积而高涨到某种程度的情况下，对挫折感成因会有积极至对抗性的反应，心理学上称为"攻击机转"。这种攻击反应有直接和间接两种，前者态度明显、直接，用暴力或粗鲁的言语攻击阻挠者；后者则表面上将自己受挫之事置于一旁，不做直接攻击，暗地里却大肆责难对方，说人坏话。部属批评挑剔的上司"在家受老婆的气，抬不起头，才会出气出在咱们身上"；后进的职员面对资深的女职员，不提她的能力优劣，也不想想自己工作效率奇差，却讥讽她"当个老小姐是咎由自取"、"很会利用化妆手法……"都是典型的间接攻击机转。

另外，有些主管疑心病重，例如：部属因病请假，他却怀疑人家浑水摸鱼，打电话刺探，甚至还假装探病，特地到部属家中拜访；部属报公账则怀疑他们中饱私囊。总之，连众人谈笑他都会联想成别人在说他坏话，成天疑神疑鬼，极端的人还会产生被害妄想，进而反击——向上司打小报告，蓄意使坏排挤人。

在某些场合，攻击目标未必就是疑心病，有时候，和挫折感成因扯不上关系的人（事、物）都可能遭池鱼之殃。工作出错而挨上司训斥的老公，回家把气出在太太身上，太太则发小孩子的脾气，小孩子回到自己房间摔尽所有东西出气，挫折感就在这种种风马牛不相及的举动里，找寻到发泄的空间。

心理学趣味派？⑦

**魔术般的先入为主观！**

**为什么看的人会有这样的反应？**

一对情侣在咖啡厅聊天。

甲小姐："我们介绍丁先生给
丙小姐认识吧？"

乙先生："好啊！他以前也拜
托我帮他留意一下。"

甲小姐："可是，他长得怎
样？有张什么样的脸呢？"

乙先生于是拿起笔，在张纸条上画出丁先生脸的样子
（如上图）。甲小姐一瞧，生气地说："讨厌！你画的
这张图，好那个……"别过头去，不理乙。

到底是为什么呢？

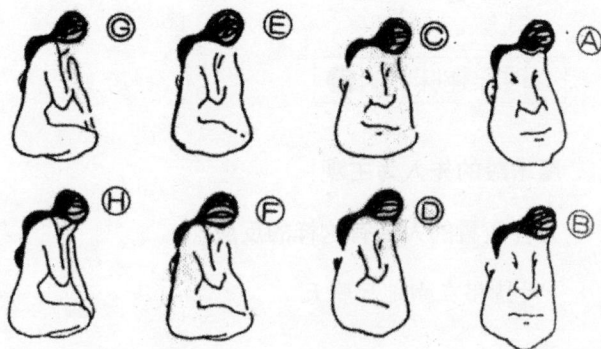

这张图形是美国心理学家费雪于一九六七年设计出来的。对甲小姐而言，她所看到的是如右下方的裸女图。像这样子的图形称为"多义图形"，看法的不同，导致图形意义大异其趣。

产生这类现象的主要原因之一，在于每个人各自有着某种欲望。当他看着图时，他的欲望和潜意识反映在他的看法之中。以甲小姐为例，或许甲小姐对裸体有某种情结，反映至她对图的看法，才会有这样的反应。

请看上图。图中的Ⓐ，明

显是张男人的脸，如果Ⓐ依序看下去，再怎样也不可能看到女性裸体图，再看还是如此……

　　总之，一个人看某件物品时，如果心中怀着某种期待或心理准备，即使看的是同样的东西，也会有不同的看法。

# 第四章

两性交往面面观

## 男女关系的四种形态——由平日交往方式了解个性

——讨人喜欢与讨人厌——男、女看法的差异

所谓"窈窕淑女，君子好逑"，任谁都想博取异性的好感，因此，格外谨言慎行，让他（她）对你有良好的印象。然而，就像笨拙的赞美言辞，只会使对方更加疏远一样，自己不曾注意到的态度，往往是激起反感的主因。故了解自己什么地方讨人厌，进而掌握、克服，改善与伴侣间的交往关系也是必要的。那么，你知道自己与异性交往过程是A～D中的哪一种吗？

A. 多半是先听对方的意见，最后通常是无异议地顺从对方。

B. 先说自己的看法，将自己的所好列为优先考虑。

C. 和对方交谈时充满自信，且会明白指出对方讨人厌的部分。

D. 尽量避免惹对方讨厌，即使看不惯对方所作所为也会谅解，而不加指责。

A　男性——

就女性的观点而言，你的态度虽然不算是缺点，却也让人摸不清你真正的长处，且给人平淡无味的印象。另外，女性不清楚你对她的感觉，久而久之也就日益疏远。对于你这一类朴实、脚踏实地的人而言，若能在她开口前，率先表达出自己的意见，会使你们彼此取得平衡；而略显阔绰的言行和穿着，更有助于她了解你的魅

力所在。

A 女性——

此一类型的女性，对自己或异性，道德感都十分强烈，担心这个不可以做，或是怕那样会被人轻视，到最后只得顺从对方的意见，而给异性"保守、畏缩不前"的观感；而缺乏主动性自然也使男性对你产生不了深刻的印象，掩盖住你的魅力。事实上，男性希望你能更主动、大胆些。连你自己都感到惊讶的大胆举动、言行，对他们而言，反倒成了另一种吸引力。

B 男性——

一般说来，你是那种让人觉得可以信赖，进而产生好感的类型。自信十足的你，带给女性的安全感，可说是最大的魅力所在。虽然从另一个角度而言，你可能会疏于注意满足自我和异性感受之间的差距，而让女性感觉难以进入你的内心世界。若是不改变自己"独善其身"的态度，小心被人看做是"老好人"。

B 女性——

充满自信，凡事独立、自主，绝不轻言妥协的女性类型，留给初次见面的男性"爽快、利落"的好印象。但是，交往越久，你欠缺通融的个性越是显眼，反倒让人产生反感，女性友人如此，男性方面更是容易导致意见冲突。对你而言，当务之急可能在于一面寻找坚持己见与考虑对方感受之间的折中点，一面决定自己的言行举止。

C 男性——

此类型的男性心高气傲，心中经常存有支配女性的欲望，自以为是，认为"自己喜欢的，她也应该喜欢"，故常因事情进展未能如己意而备感挫折。对事物的好恶明显，不合己意者有排斥倾向，而女性的防卫本能却使她们只倾心于保护、善待自己的人，故敌对、批

判的态度，只会让她们敬而远之。记住：直来直往，毫不保留表示自己的好恶，只会让对方更无法接纳你。

### C　女性——

意志坚强，自尊心强烈的类型。常不自知地以顾全个人尊严为优先考虑，容易让男性产生反感与误解，只因自尊心作祟，不愿充分表达自己的意见，显得独断独行。与男性交往，内心宜记住："己所不欲，勿施于人"、"男性的心胸宽大不是没有限度的"。

### D　男性——

自认为体贴，实际上却让女性看轻的类型。过分顾虑别人对自己的看法，而凡事应允，最后，岂不落得事事半途而废？且女性会认为你是"降格以求"，交往态度也就随之而改变。对异性若是不明确表达自己的感受和主张，则你的体贴、细心，所换来的只会是对方的轻视。

D　女性——

虽然自认毫无恶意，却往往被人误解是轻浮、交际花的类型。本性不愿意伤害他人，加上体贴、温柔，待人和蔼可亲，即使不是自己倾心的男性也会对你产生好感。如此一来，真正相爱的男性，便认为你举止轻佻，怀疑你对他是否真心相待。此种待人与处世态度若不改变，只会继续招致误解。

## "读你千遍也不厌倦"——从对方的话语、态度、行为，透视他的内心世界

——他的性格？对你感情的认真程度

男女交往刚开始总是让人感觉新鲜，而面对心仪的男性，所谓"情人眼里出潘安"，不喜欢的部分也成了他的长处。但是，随着相处的时间渐久，你也可以冷静地看他的禀性、为人如何。这同时，你却无法明白他怎样看待你。心仪越久，他也越在意他一举手一投手间所隐藏着的意义。二人相处时，他对你采取什么样的态度？近年来有些什么改变？这两个问题，有助于你了解他的个性，及对你的感情到达哪一种程度。那么，你的

他对于你的态度，是下列中的哪一种类型呢？

①流露出对公司、上司的不满和不平

②想知道你的过去和经历

③尽说些他工作方面的事情，或是你不熟悉的话题

④夸赞别的女性或是刻意强调他有女人缘，备受女性的青睐

⑤常将情色语言挂在嘴边

⑥老说别人坏话

⑦说话老是提及他的母亲

⑧口头上总以他父亲的种种感觉自豪

⑨从不要求性接触

⑩经常说："如果结了婚的话……"

⑪变得喜欢要求你做这个、做那个，或是指责你的不是

⑫死皮赖脸要你送礼物给他

⑬对算命、占卜兴趣过头了

⑭凡事总会找好借口

1. 商场竞争，最忌讳向对手示弱。他对你倾诉心

中对公司、上司的不满、不平，可说是他以心相许的证明。可是，交情不深，却突然对你大吐苦水，这样的男人仍不脱娇生惯养、承受不了压力的性格，尤其是他不要求你的回应，纯粹把发牢骚当作是整理情绪的一种手段。交往已久的男性，内心常有跟你谈话的念头，这也是他把你当作伴侣的另一个重要的证据。

2. 你可能会认为这类男性"过分在乎别人的过去，简直不像男人！"事实上，这种男人多半思想保守，占有欲强烈，故对喜欢的女性，不单希望能掌握她的现在，连她的过去，也渴望能一并了解。总之，这代表跟你有进一步的交往。你率直的回答，增强他的安全感和对你的好感，你们之间的交往会更顺利。不过，需要注意的是他若问你一些不愉快的问题，可能是想借过去种

种为由，停止交往的讯号。

3. 男性刚开始和女性交往，多半会配合女方说话的步调，或是以女方熟悉的知识领域做谈话素材，为的是想找出与女方的共通点，缩短彼此的心理距离。若是他超过此种界限，尽聊些他工作上的事情，或是说些你不熟悉的话题，意味着他想把你们之间现在的关系提升到另一个层次。他或许未曾注意到这些，实实在在的自我对他而言，更是一种魅力。

4. 在他刻意强调自己有女人缘，备受女性青睐的另一面，往往是想试探你对他关心的程度，希望经由谈别的女性，引起你的嫉妒，了解你的确对他抱有好感。只因他不清楚你对他喜欢到什么程度，内心不安。基本上，这类型男人的性格大多缺乏自信心。

5. 对男性而言，黄色笑话本来只是在同性之间说说，当作彼此沟通的一种手段。然而，对异性谈"有颜色的话题"，意义就不同了——男性的黄色笑话，只会给你"好那个"、"在动你歪脑筋"的印象。事实上，心理学一般也认为说黄色笑话是性欲无法满足时的一种补偿行为。但是，一个性格开放、不拘小节的男性对你有这样的举动，与其说是对你起了性方面的念头，不如说他把你当作是哥儿们。若是原本"性致勃勃"，却突然不再如此，这可能就是他开始觉得你不再只是普通朋友的讯号了。

6. 可说是自卑感强的男性。说别人坏话，只是为了不让你认清他的缺点和弱点的一种心理表现。例如他说"那家伙很吝啬"，则他可能正处于经济拮据的状态下；工作不顺心如意时，总认为别人"善于逢迎"，或许是他转移挫折感的方式。总之，一个男人说人坏话，既是自卑感的投射作用，也是希望你能更加重视他的心理反应。

7. 一个人说话老是提及自己的母亲，常让人联想

到 "恋母情
结" ——指那
些精神上迟迟
无法摆脱母亲
的影响而独立

并接纳母亲之外的女性、而凡事依赖母亲的男性。但这
是极端的个案，不能一概而论。

男性通常会不知不觉地拿和自己交往的女性与妈妈
作比较，甚至重合，希望能从该女性身上找回昔日由母
亲处得到的爱心和关心，而这类型的男人对这样的需求
可说是更加强烈。结婚后，由于确认自己的感情已获满
足，也就逐渐不再将母亲的话挂在嘴边。

8. 一般而言，女性较喜欢谈及自己的父亲，男性
若是口头上常以父亲的种种而自豪，则心理学上认为此
一男性具有"权威性格"的倾向。幼年时承受父亲严格
的管教，心中除对父亲怀抱恐惧与敌意外，父亲也渐渐
树立起其绝对存在的地位。结果，自己的言行也成了父
亲言行的投影。把女方当作家人而非外人，述说自己的

父亲时，多半是把自己视同父亲，希望家庭能够以自己为核心。这种类型的男人在工作上常会服从上司，却对部属或女性趾高气扬，任意使唤，认定"女人就是不行"，轻视女性。

9. "交往这么久了，也晓得他的为人如何。可是，他为什么从不要求亲热？"虽然你想了又想，考虑了许多理由，然而，最主要的原因可能是他的恋爱经验不足，找不到适当的表达机会，或甚至是不知如何表达他的念头。另外，也可能是担心你不再喜欢他，而不敢说出口。

这类型的男人无法从观念上掌握女性，常只因女方未有任何反应而停止交往，约会时女方爽约，也会让他

们有"被出卖"的感觉，故宜由女方采取主动。

10. 订婚之后，男方时常会向对方述说结婚后的具体生活设计，若是尽谈一些近乎梦想的话题，可推断此一男性对生活现状不满，充满挫折感却又无力改善。虽然"罗曼蒂克"，但从另一个角度看，则显示他厌恶带有现实生活意味的话题，渴望逃入梦一般尽如己意的世界。"现实的残酷"、"毫无可能实现的希望"，加上"和眼前女性的交往"，三种因素合而为一，使得他在异性面前说些如梦似幻的话，想借以消解对现实的不满。

11. 常听女性抱怨男友对她的态度大不如前："刚开始交往时那么温柔体贴，最近却老是批评人家这个不对，那个不好，是不是不再喜欢我了？"事实上，男女相处，男方如果突然有了上述的态度转变，与其说是变了心，还不如说是男性对女性的另一种交往方式。

人们常对生活周边视而不见，交往越久，逐渐地也就不再那样客气和体贴。男性如此，女性亦同样。你不是也曾毫不客气地指出男友的缺点，常希望他能为你做这个、做那个的？在外人面前指责女方，可说是男性开始对女性感觉更加亲密的状态。此时，不去在意或是彻底地与男方沟通，都能让你更加贴近他的心。

12. 圣诞节快到了，"今年想要你亲手做的××当礼物"。一般说来，若是女性作如此要求，可以视为寻求更亲密交往关系的一种方式，但就男性的心理而言，无疑地表示"交往归交往，结婚归结婚"，要求礼物等生活上的要求，意义上截然不同。男方要求女性"帮忙整理自己的房间"，或是"帮忙做饭"，代表他愿意毫不保留地将自己的生活呈现在女方的面前，心中渴望把女性导引进自己的内在世界。前者的要求意味着"交往与结婚是两码子事"，后者则是关系更加亲密的讯号。

13. 女人喜欢算命到被戏称为"算命是女人的专利"这样的程度，一般认为这和女性意识常受外在因素左右，容易接受暗示，有"被暗示倾向"有关。而这也就是这么多男性基于"现在流行算命，不懂一点算命的事，无法和女性交谈"的理由，努力钻研算命术的幕后原因。然而，对算命、占卜兴趣过头，凡事"卜而行"

的男人中，也许是无法自己作判断、起而行的人，甚至于可以说是缺乏责任感的空谈家。因为他们凡事依赖，失败了也想将失败的原因归咎于他人。观察男方对于算命的关心、在意，和在意的时间长短，是和这类型男人交往的诀窍。

14. 这类型的男人和第13类的男人相似，多属缺乏自信，尤责任感的人，另外，他们也有担心犯错而为人猜疑之神经质的一面。

## 对方到底哪一方面吸引你？

——缩短心理距离的"能言善道心理术"

"性的吸引力"是异性相吸的要素之一，身体、外貌、姿态、声音，甚至周边环境的气氛，往往都是构成"性的吸引力"的条件。

然而，人们并无法自知是否具备"性的吸引力"，一旦知道，必能增加自己在对方心中印象的分量。那么，女性在什么时候、什么情境下，能够感受到男性的"性的吸引力"？

一般说来，女性的性感带分布于感觉器官集中的一带，而平常未被衣服遮盖住的性感带就是耳朵。于女性的耳边轻声细语，激起性的感受的同时，亦能提高她对身旁的男性的亲近感。

另外，女性也会为别人"只说给她一人知道"而心喜，凡事低声私语的事，不问男女，皆能引起她们强烈的关心。

女性与人交谈时，又常以男方如何称呼自己来测度彼此的心理距离，举例而言，"陈小姐"和"淑芬"两种称呼方式，当然以后者较能缩短彼此的心理距离。同样地，"小芬"无疑地又比"淑芬"更让人有亲近感，一个女性提及自己时，若不以"我"这个第一人称自称，而叫自己的名字的话，她正试图缩短和谈话对象间的心理距离。同样地，和女性谈话时，不断重复叫对方的名字，不但可以减轻她的警戒心，甚至还能使她对你产生信赖感。医生们相信看病时若能起码叫病患的名字三次，必能提高患者的信任程度，道理即在于此。

## ——多数女性受谈吐风度吸引，而非谈话内容

女性看人，多半会比男性更注重人物的整体印象，此一感觉倾向称为"相貌的知觉"。例如在男性之间因政策关系，风评不佳的政治人物若是透过电视画面好好展现其个人风采，常声望大增。男性说话时，谈吐风度往往比说话内容更能吸引女性。即使这些话题全然引不起女性的兴趣，但那种热心、完全投入的说话态度，仍会使她对你的看法为之一变，感受到你的魅力。

平日拙于言辞，在公司评价不佳的男性，与其为了在女同事面前勉强自己谈笑风生，不如选择诚恳的说话态度要来得聪明些。后者应能使女性感觉你是个表里如一的正人君子，亲切感随即油然而生。

## ——选择约会场所铁则——"由宽到窄"

女性保护自己的本能极强，一旦身处宽阔的场所，陌生人的眼光常使她们忐忑不安、心神不定。结果，注

意力无法集中，眼前男性和他说的话仿佛一阵风吹过，激不起她心中的一丝涟漪。故约会时，应选择较狭小的场所，使女方警戒心降低，不因周遭环境而分心。相会的地点由宽阔到狭小，效果往往更好——女性随着空间的逐渐变小，开始觉得有如置身于密室一般安心，更能对男性怀有一体感和亲近感。

女性看事情和人物的角度，以整体而抽象者居多，故对眼前对象的评价，常受周边气氛所左右。例如，约会时选择清爽的场所，女方会觉得你为人利落爽快；若是约会装饰着现代艺术作品，女方会认为你重品位，对你的印象更佳。总之，事先探知她的嗜好、兴趣，再挑选气氛合宜的场合相会，必能提高女方的满足感。而气氛高雅的场所又常让女性有性的联想，在女方眼中的

"他"，自然而然地成了"性吸引力"强的男性。

### ——女人最相信触觉，所以……

听觉、视觉等所谓的"五种感觉"中，女性最擅长且最信赖的，说实在的是触感。在百货公司购物，男性只凭物品的外观，来判断物品的好坏；女性则是先拿在手上摸一摸才评定好坏。这种行为差异，足以说明女人生来即具有注重触感的本能——经由触觉决定自己情感的走向。女性喜欢挽着男性的手臂、接触对方的手，这正是对该男性有好感的明证。

在女性肩上、手臂或背上轻轻一碰的感觉，将传达至大脑皮质的性欲中枢，激起性的联想，越是料想未及（好像被偷袭一般），刺激越大，眼中的男性当然也就越具魅力。

## 心理学趣味派？ 8

**《心理的自我设限》**
**你是否画地自限？**
**迷失本性？**

问：你和友人在某家餐厅相会，一对男女走了进来。友人告诉你那两个男女刚结婚不久。你再问，朋友却告诉你男的并非她的丈夫。

奇怪，这到底是怎么一回事呢？

答：一点也不奇怪。一对不一定指的是夫妇，而这对男女分别刚和其他的异性结婚。所以觉得奇怪，是因为你一听到"一对"就联想到"结婚"，一开始就认定两人是夫妻。我们常常画地自限、预设立场，使得问题变得更难解决。很多问题你无法解决，多半是因为你自己暗示自己某些条件，受制于这些条件的缘故。

**第五章**

你的喜好到底是什么？
——不经意的行为细节中，
可以看出一个人的个性！

## 在小酒馆之内

——两人单独相处时，由小动作观察对方的
真性情

你和友人来到一家小酒馆，酒馆里沿着吧台摆了些
高脚椅。

你问朋友："坐哪？"你的朋友会选哪张椅子坐下
呢？事实上，我们可以从某个人选择什么样的座位，看
出他所隐藏的个性，和社交手腕的好坏。（如下页图）

### 选择椅子①的人

对人、事、物好恶情绪变化极大、"情绪化型"
的人物。他们往往视自己情绪好坏，改变待人接物的态

度，凭第一印象决定喜好与否。直觉敏锐，不为某件事
而沉迷是他们的长处。

**选择椅子②的人**

是凡事能与人协调并进的"调和型"的人物。从另
一个角度而言，这种易于妥协的性格，使得他们欠缺主
见，凡事被动。但是，若能得到好的事业伙伴或上司相

助，相信必定也会有好的结果。

### 选择椅子③的人

坐到吧台中央、酒保面前易于点酒的位子的人，是典型的"老板型"的人物。他们社交手腕高超，人际关系良好，乐于助人，多属团体中的领导者。讨厌接受别人的命令乃是这类型的人的特征。

### 选择椅子④的人

挑角落位置坐的人，不耐独处，个性属"不甘寂寞型"。他们话题丰富，能言善道，即使是初次见面的人，也能相处融洽。心中有话，不吐不快，故言多必失，常常无法守住别人的秘密。

### 选择椅子⑤的人

讨厌拘束，独来独往的"我行我素型"。挑这种座位坐时，多半处于强烈的自我封闭状态。经常往这类位子坐的人，多半欠缺协调能力。

# 酒、泪、男、女

## ——由醉态看出一个人的希求

每个人的醉态不同，十人十样，有豪迈奔放的，有一醉就哭的，有抓着麦克风不放的，显现出人间百态。酒醉时，一个人的本性会显露在表情和行动上，了解到这一点，就能了解酒席间潜在的人性。那么，你交往的人，他的酒醉样子是属于哪一种呢?

Ⓐ话变多，开怀大笑。

Ⓑ变得沉默寡言，态度消沉。

Ⓒ到处走动，不肯老是待在同一个座位上。

Ⓓ兴高采烈地唱起卡拉OK。

Ⓔ马上与人吵起架来，到处找碴。

Ⓕ喜欢触摸别人的身体。

Ⓖ和平常一样，态度不变。

Ⓗ一醉就哭。

Ⓐ→本性正直，凡事一板一眼的性格。一般说来算是社会信用高的人。

工作或人际关系面临极大压力时，往往借酒精解除紧张感，话也变得较多。对人很有礼貌，人际关系上，尤其是与异性的交往方面，不会给自己找麻烦。

Ⓑ→精神上不安定的性格，或是心中有所顾虑。特别是平素属于行动派、话又多的人，一旦喝了酒反而变得沉默、郁郁寡欢，多半是心理上亮起红灯的征兆。因为，平日主动的一面经常抱着不安的情绪。

这种不安的情绪与日俱增，导致他们三缄其口，不愿说话。

Ⓒ→欲望无法满足，自卑感强烈，讨厌被定型的反抗性格。因为酒精作用，使得他们强烈希望由较狭窄的地方，移至较广阔的空间。加上自卑感作祟，无法坐在

同一个人的旁边。

　　Ⓓ→社交手腕高超，无论是私生活或工作上，人际关系良好的类型。乐于助人，协调性佳，工作和私生活适应良好，勇于接受挑战。

　　Ⓔ→醉了就想找人吵架的人，多半可视为精力旺盛的行动派。他们即使吵得再凶，酒醉清醒过后多半也忘得一干二净。若别人指摘，他们也只是一个劲地赔不是。虽然让人感觉有如"瞬间沸腾热水壶"，但可以放心的是，平素与人交往，他们绝不会动不动就诉诸暴力。平日里和和气气，酒醉后却粗暴得吓人，也是属于这一类型。

　　Ⓕ→性欲方面强烈地感觉无法满足，心理上渴望逃避现状。通常触摸异性的身体，即表示对该异性抱有好感，但酒醉时，同样的动作却有着不同的意义：这类举动常见于性能力衰退，与自己需求有所差距，性欲无法得到满足的个案。工作不顺心，生活充满压力的状态，也可以作相同的解释。

Ⓖ→喝酒时量力而为，不会喝得烂醉如泥的人（原本酒量就好的人例外），态度理性，不愿引争端，与人发生争执。从另外一个角度来看，这也表示他们过分小心提防暴露出自己的缺点。或许酒醉会带给他们痛苦的经验。

Ⓗ→喝醉了就哭的人，在男性多半是性需求非常强烈，而女性则属情绪化、性格浪漫。"不甘寂寞"的人，大多是属于这一类型的人。

## 女人与化妆

——时装模特儿化妆，为何总是以眼部为重点？

女性或多或少都有化妆的经验或习惯。所谓"女为悦己者容"，女性化妆不外乎想使自己看起来更漂亮，引起男性的注目。事实上，从化妆也可以看出女性个性的另一面。

如果你是女性，化妆时你对哪一部位会特别注意：①眼睛，②眉毛，③嘴唇，④脸部整体肌肤，⑤手和手指甲？

**回答①眼睛的人**

一般而言，做眼部化妆是凸显年轻与美丽的意识作用下的表现。与其说是为了表现性感,不如说是追求知性美。另外,自我意识强,渴望成为众人注目焦点的欲望,使得他们无时无刻不想吸引别人的注意力。演艺人员、模特儿等注重眼部化妆的原因就在这里。

### 回答②眉毛的人

年轻女性刻意修饰眉毛和①一样,为的是要凸显出自己的青春美丽,对自己的年轻貌美抱持相当大的自信。就中年女性而言,强调眉的化妆,正表示她们精神上的衰老,因为大家常常认为女性脸上最快老化的就是眼部。眼部重点式的化妆乃出于掩饰眼部周边的心理作用,含有留住男性注意力的意味在内,绝不同于年轻女性的心态。

### 回答③嘴唇的人

花在嘴唇化妆的时间长和性的成熟度之间,有极大的关联。刻意修饰唇形的女性,多半对性爱抱持积极的态度,少女情窦初开常以涂口红作为成年礼的原因亦即在此。而单身女性比已婚女性更重视唇部化妆,也是同样的道理。

### 回答④脸部整体肌肤的人

在脸上敷上冷霜之类的化妆品、注重脸部肌肤保养的女性，朴质无华，个性内向、保守，不太注重流行，道德意识较强。

### 回答⑤手和手指甲的人

自我表现欲强的女性。尤其是那些小心翼翼给指甲涂指甲油的人，物欲强，个性较为歇斯底里！

## 感觉型，还是理论家型？

——现代女性寻找的是哪一类型？

年轻女性私底下对男性同事似乎都有一些批评。大体而言，她们多半喜欢凭感觉行事，对于那些好讲道理、喜怒不形于色的人，往往避而远之。你认为自己是属于前者还是后者？以下是一张核对表，请你依自己的情形回答"〇"或"×"。

①（　）买彩券又不会中奖，真是傻蛋一个。

②（　）开始做某种运动前，会先买些入门书籍回来阅读。

③（　）常为芝麻小事而大动肝火。

④（　　）因为不合自己的个性，尽量避免说一些不着边际的话。

⑤（　　）对自己的未来有着清楚的远景，平时努力实践，以求达成。

⑥（　　）人生中不容许有失败，讨厌浪费时间。

⑦（　　）与人争论时，会不知不觉激动地拉开嗓门。

⑧（　　）在外进食注重营养的均衡摄取。

⑨（　　）在自己的专业领域里不愿输给别人。

⑩（　　）买相机之类的物品前，先搜集目录，并比较性能。

⑪（　　）常常轻率地责备别人，而事后反悔不已！

⑫（　　）拿到年终奖金，先仔细盘算一番才花用。

⑬（　　）看到报纸或杂志上有值得参考的报道，会做笔记或剪贴下来。

⑭（　　）上西餐厅不会固定点某种饮料，完全视当时心情而定。

⑮（　　）一旦入迷，会前后判若两人地全心投入。

⑯（　）认为服饰流行的基本在于整体搭配。

⑰（　）博览群书，不局限于自己所学的专门领域。

⑱（　）时常对自己的行为感觉纳闷。

⑲（　）好奇心强，凡是新的事物总想去看看或了解。

⑳（　）自认为性格极端，情绪时好时坏。

㉑（　）看电视连续剧不会错过任何一集。

㉒（　）出发旅行前，预先查对交通工具时刻表。

㉓（　）感冒药之类成药使用说明书，随手放置，不会仔细阅读。

㉔（　）与人相约，对方若是迟到，通常你会再等一段时候，可如果对方还是没来，你才自行离去。

㉕（　）喝酒不用酒杯，会觉得不是味道。

将你的答案和下列的正确答案表相对照，答案相同的给2分，不相同的给0分。分数总加后，相信就能看出你属"理论家型"还是"感觉型"了。

**正确答案表**

①○ ②○ ③× ④○ ⑤○ ⑥○ ⑦× ⑧○ ⑨○ ⑩○ ⑪×
⑫○ ⑬○ ⑭× ⑮× ⑯○ ⑰× ⑱× ⑲× ⑳× ㉑○ ㉒○ ㉓×
㉔○ ㉕×

**说明**

▼50～40分——理性至上型，过于讲理，让人有喘不过气的感觉。

▼39～15分——中庸型。

▼14分以下——感觉型，重视直觉，凡事喜欢诉诸感性。

## 内心深处的色彩世界

—— 今天你打什么颜色领带？
你穿什么颜色裙子？

人们在日常生活里，出人意料地，经常有选择颜色的机会，例如：该穿什么颜色的皮鞋、裙子？打什么颜色的领带？自我性格有意无意地影响人们对色彩的好恶，使得人们在某一特定时间、场合，偏好或讨厌某种颜色；这意味着我们可以从某个喜好的色彩，对他（她）的性格作出某种程度的推论。接下来，请你或你想了解的对象，从红、蓝、绿、黄、紫、褐、灰、黑等八种颜色中，选出最喜欢的色彩。如此，将有助于你或他（她），认识自我性格的基本特征。

# 红

　　个性积极，精力旺盛，尽一切可能达成自己愿望的人物类型。由于个性直率，成功欲望强烈，常使得你们完全投入活动之中。此时，你对事物的看法、判断迅速明快；但是，从另一种角度而言，容易流于"朝令夕改"，可说是勇往直前，视冒险为乐事的外向型性格。无法忍受任何形式的无聊，常将这些死板、无趣的事物，当作活动进行的跳板，这也就是为什么别人眼中的你喜怒无常、缺乏耐心的原因。

　　热心、积极地吸收形形色色的经验，是你成功的有利条件。然而，你性格里有一个致命阻碍，影响你的成功——受挫时怨天尤人。如果能好好掌握、加以检讨，必能有助于你打开通向成功的大门。

# 蓝

渴望平稳、和谐的生活，让你的性格偏内向，厌恶不和与争吵，言行举止小心谨慎，要求自己行为合乎规范，故态度沉重稳重，凡事认真努力，为人所信赖。

不过，会怕生的也多半是这一型的人，原因是不熟的人与你的生活周边格格不入，易起争端。总之，为人诚恳实在，从别人的角度而言，实在是值得交往的益友，这点既是优点，也是缺点——从你自己的立场而言，即使有不满，也会忍气吞声的个性，往往让你权益受损（即使你自己不觉得如此）。

# 绿

有耐性，凡事一着手必坚持至完成为止。

重视安定，对社交礼仪特别敏感，属于没有偏见，个性宽厚的文明人类型，同时也是体贴而忠实的朋友、恋人或配偶。

对于接纳新事物有些许的抗拒反应，与其说是个性

Green 一流

Blue

保守使然，不如说是你习惯做些别人期望的、有具体指示的事情。讲得难听些，或许你就是那种"等候指示"的人也说不定。因此，你成功的秘诀恐怕在于将自己置身于一流的环境、一流的人群之中，你的"均衡性"会使你适应这一切状况。另外值得注意的是，你有强烈要别人对你好、尊敬你的倾向。

# 黄

黄色代表新鲜的事物、现代性和未来，你可说是极富想象力的知性理想主义者，虽然你

Yellow

实际上相当害羞。这种个性上的矛盾，让你态度暧昧不定，容易给人"自命不凡"的错觉，招致孤立。即使如此，你并不以孤独为苦，只因你追求理想至极，完全陶醉于自我幻想的世界里。又因为你追求理想，或多或少有空谈理论而无具体行动的冒失倾向（虽然这些理论，都是你经过深思熟虑而得来的）。

# 紫

　　一般公认具有艺术才能的类型，事实上你也自认为如此——你常自认为"我和别人不同"。因此，你比别人更注意外表打扮，嗜好也多半是古典音乐、高尔夫之类的高消费运动。

　　你的艺术才能得自于敏锐的感受性和观察力，而你也常由炫耀这些创造力和权威得到快感。正因为你自视甚高，虚荣心强，应该小心避免在自己虚荣心受到伤害时，变得歇斯底

里。心胸宽大能使你更容易与人相处愉快。

# 褐

冷静而舍己为人的类型。重视人情，不会逃避责任，给人"可以信赖，责任感强"的印象，而容不下任何轻浮举动的性格，却也使你招致"有洁癖、吹毛求疵"的评价。

应该注意的是有人会利用你的"舍己为人"，虽然你也许会因此而变得意志消沉，但千万不要从此不再信任人。至于职业方面，由于你有管理自己和别人财物的能力，不妨朝这一个方向去努力。另外，重视家庭和亲人的人，多半也是属于你们这一类型的人。

# 灰

　　此一类型的人，多半想把自己从喧嚣的世间隔绝出来，故凡事态度神秘，不喜与人有深切的来往。但这并不意味着你们不擅交际，至少在表面上，仍旧是长袖善舞，八面玲珑。另外，极端厌恶他人干涉自己的私事，反弹激烈。

　　一般说来，别人对你的观感是：成熟稳重，性情温和。

# 黑

　　个性别扭，反抗心强，不肯听从别人的指示；即使明知不可行，却常因别人命令似的态度而

心生反感，故意"反其道而行"。

神秘主义的倾向比喜欢灰色的人还要强，不愿让人看到自己真正的个性与感情，而处处表现得十分世故。因此，外在表现给人充满机智、反应敏捷的印象。容易流于独断独行也是缺点之一。

然而，选择黑色为最喜爱颜色的人，通常不会长久地保持这种偏好——黑色往往是那些对环境非常不满的人，才会选择的颜色。

## 有趣的色彩心理学

——由颜色看人心灵深处的压抑和不安——青春期的青少年偏好什么颜色？

如果说我们可以由"喜好的颜色"，了解自己的基本性格和行为模式，那么色彩心理学方面，又如何看待"讨厌的颜色"呢？答案是："讨厌的色彩是内心不安的主要原因。"学者们相信一个人讨厌某种颜色，正代表个性上受到压抑和不安的原因。那么，不妨就以你（或你想了解之对象）的情形，予以印证。

**挫折感·颜色对照表**

红：表示自己十分努力、辛苦之余却无人回报的挫折感与无力感；因周边的攻击而感受威胁，苦恼的是它找不到可以突破的缺口。

蓝：觉得自己身处不幸的环境，虽然想要改变这种状况，却苦于无法下定决心。十分憧憬另一种生活方式。

绿：对周边的人抱持反感，认为自己能力过人，却因生活周边人们的缘故而得不到承认。现在的你颇为孤独。

黄：显示现在的你是个悲观论者，失望之余变得只重视现实，态度顽固，不愿为"梦想和希望"所惑。

紫：重视率直和诚实，打心眼里排斥做表面功夫的事物，故现在的你是沉默而孤独的。

褐：想要凸显个人身份，引人注目，换言之，目前处于渴望他人认同的状态，强烈排斥优柔寡断的人。

灰：代表"无聊"。现在的你（或对方）厌倦单调的生活，渴望寻找刺激；不幸的是，自己也不清楚要找的是哪一种的刺激。挫折感让你有流于玩世不恭之虞。

黑：现在的你（或对方），除了自己所想的事情外，凡事大概都抱持着抗拒的态度，强烈地反抗想要限制或支配你的行动的人，给予周边的人的印象正是"你不惹他，他不犯你"。

一般而言，你（或对方）的基本个性或不自觉的性格，是可以从"喜好的颜色"、"厌恶的颜色"中，略知一二。然而，在此必须事先言明：人对颜色的好恶，会随时间的不同而产生变化。例如：幼小的孩子倾向于喜好接近原色且明亮的色彩；青春期的青少年，情绪不安加上思春期特有烦恼，对紫色往往情有独钟，叛逆的高中生使用的发网多属紫色系，和此点并非没有关系。成熟之后，人们往往偏好寒色系及带点白色的色彩。

情绪也会影响一个人对色彩的偏好倾向——情绪低落、经济困顿，多半会使人倾向于选择寒色系而非暖色系；相反的，情绪愉悦、感觉幸福时，人们则倾向于选择暖色系，"大家向着落日大步迈进！"这样充满青春活力的戏剧台词，正是此种心境的最佳写照。

总之，色彩往往反映出人的个性，希望读者能够妥善地运用。

心理学趣味派？⑨

**何谓魅力？**

**人们为什么有所感觉？**

**对什么感兴趣？**

看到Ⓐ Ⓑ两图，你感觉哪个图中的女性比较具有魅力？多数男性受测者往往一面倒地回答Ⓐ，认为Ⓐ图中的女性比较具有魅力。

根据美国心理学家赫斯的实验结果，发现我们可以由某个人瞳孔大小，了解他对某事的关心程度和兴趣多寡。在同样亮度房间里，看见自己感兴趣的东西时，瞳孔通常会比平常多睁开

二三成。相对地，如果见到的是讨厌的东西，瞳孔反而缩得比平常还小。

我们甚至可以说：女性所以娇美、可人，"美目盼兮"的功劳最大。Ⓐ图和Ⓑ图虽然画的是同一个女人，Ⓐ却由于瞳孔较大，而迷倒众多的男性。

**第六章**

心理盲点
——鬼迷心窍，所为何来？

# "黄金分割"的心理学解释

——由《拾穗》，谈美的条件

或许喜欢米开朗琪罗、达·芬奇画作的人，与自己画画的人都不曾注意，使人们觉得安详、有股说不出的美感的绘画，"黄金比例"的的确确是一比零点六。当然，与其说米开朗琪罗、达·芬奇一开始就知道依据这种比例作画，不如说是画本身就呈这样比例来得真实些。

人类大概天生就以黄金比例为美感标准，此种不可思议的比例所划分的，就是所谓的"黄金分割"。

米勒的名画《拾穗》，描绘出弯着腰、低头默默工作的女性身影，画中三个女性，恰如其分地，包容在一比零点六的长方形画布上。黄金比例广泛地应用于日常生活中，国旗、明信片、名片和展示品等，都可以见到它

## 数字心理学

——"九点五十分集合"和"十点集合"，何者较为有效？

你知道数字有所谓的"尾数效果"吗？八点五分或十点十五分比起八点整或十点整，更能使听者感受时间限制而守时。

听到"十点集合"，人们往往会想："晚到个十分钟不会怎样吧！"人心如此，似乎成了默契，最后大家都以为只要在十点十分前到十五分之间集合即可。若是善加利用此种心理学上所称的"尾数效果"，把集合时间改为"九点五十分准时集合"，你也能成为一名杰出的会场指挥。

# 几何级数的心理学

——发明国际象棋的人，精明处在此！

从前有个名叫锡拉的印度王子在宫中设宴，招待发明国际象棋的学者西达。王子高兴地说："西达，你发明的游戏很棒，我想赐给你一些奖赏。说说看你喜欢些什么？"

于是，西达回答说："王子殿下，国际象棋盘上有64个格子，在第一个格子上放一粒玉米，接下来第二个格子放两粒玉米，第三个格子放四粒玉米，以此类推，每个后来的格子要有前一个格子两倍的玉米。请赐给属下足以填满这些格子的玉米。"

王子原来要赏些金币给西达，心想："这个人的欲望可真小啊！"

然而，几天之后，宫中的数学家急忙禀告王子："王子殿下，臣等仔细核算西达所要的玉米数量，发觉数目大到全国谷仓都容纳不下的地步。我们认为地球上没有这么多的玉米。"

王子闻言，询问到底有多大数量——依照顺序，棋盘上每格玉米数量分别是1、2、4、8、16、32……2的63次方，果真让人吃惊，就算能征收这么多的玉米，恐怕也找不到地方可放。这就是几何级数骇人之处。

在古籍中有本《尘劫记》（公元一六三一年）有个记载如下：一月时，一对老鼠生了12只小老鼠，合计共有14只老鼠；二月时，小老鼠长大，每对各生了12只小老鼠，而来的那对大老鼠也生了12只小老鼠，祖孙三代总计共有98只。像这样，假设每个月上下四代老鼠各生下12只小老鼠，则一年之内，老鼠数目将高达276亿8257万零4402只。

## 制服的心理学观点

——制服甚至改变人的个性与心理！

某个国家的公务员表示："穿便服时往往在酒吧喝得酩酊大醉，穿了制服却不会再有这样的兴致了。"

制服与人的心理之间，关系竟是如此有趣。

心理学家曾做过实验，受试的60名女学生，先后穿着类似三K党徒所穿的长袍和护士制服。众所皆知，三K党是以举行秘密仪式而臭名昭著的，女学生穿上类似该组织的长袍后，行动即变得残酷，会按电流强的按钮做电击实验；而穿上护士制服后的女学生，果真如所谓的白衣天使一般，只会按电流较弱的按钮。

我们常听到"她穿制服的样子很好看"，或"他穿制服好帅"之类的称赞，制服的确有让人为之耳目一新的效果，穿的人也会有符合所穿着制服的举止，此种现象，称为"制服效果"。

另外，酒店的经营者，也会以"制服店"招来男性客人，亦即要上班女郎穿上空姐、护士、女学生、Show girl 的各种打扮，以期来满足客人的制服癖好。

## 服装的心理学

### ——服装决定人的心情

平常不怎么起眼的人，一旦穿上警官制服，眼神随之变得锐利，行动也利落起来，同样的现象亦可在空中小姐、护士身上发现。穿上制服照理而言是让人得以发挥自己的本领；可从另一种角度来看，制服对于此人而言，更是得以安心工作的表示。此时人的心理并非心情决定服装穿着，而是"服装影响情绪"。

我们时常想以安定的情绪处理事情，特别是在交涉场合，轻松自若的临场态度，往往比举止紧张更能予人良好的印象，更容易进行交涉。因此，不妨利用平日

穿惯的、中意的服装，例如：打上一条自己喜欢的领带
（女性则是项链），会使你觉得安心、自在，得以平心
静气与人交涉，主动掌握对话的进度。同样地，不只是
领带，自己爱用的手帕等小配件和内衣、鞋子，都具有
同样的功效。

## 由设计师名牌服饰看人的心理

### ——使众人自我意识过剩的"不适当穿着"

设计师名牌指的是由某一特定设计师、设计团体所设计，有着明显流行特征的服装、饰品。这类商品如在百货公司等卖场举行特卖，往往吸引许多年轻消费者大排长龙，转眼之间即销售一空；不仅青年人如此，最近连三四十岁的男性消费群也在急速增加中。这些蜂拥而至的人，难道都开始对流行产生兴趣了吗？

男女交往，若是女方穿着品味高雅，而男方却一副土里土气的模样，显得非常不搭调。男性为求得这类女性垂青，自然会努力改善自己的穿着，以求匹配，这点在心理学上亦认可，感情如胶似漆的情侣穿着情侣装，就是常见的例子——穿上与对方一样的服装，取得协调，行动逐渐一致。自己在团体旅游时穿着与其他成员不同，总会觉得彼此有些疏远而且十分尴尬，这种实例，足以说明服装产生的心理同步化现象。那么，此种"服装心理学"在商场上的应用效果又如何呢？

　　拜访商业往来公司时，留意该公司人员的穿着方式，尽可能配合他们。一般说来，行业性质不同，对服装的要求也会不同。例如：银行职员穿着暗色系的西装、套装，大众传播业则容许从业人员衣着不讲究。心理学研究认为一个人在某种场合却穿上格格不入的服装，往往处于"自我意识过剩"状态，在别人眼里也显得"自大、狂

妄"，原本顺利进行的交涉，终究落得失败收场。相反的，服装方面配合对方穿着的态度，反而能使你们心理上取得协调一致，达成目的。

不可小看服装这码事，若能注意到配合、花样之类的小细节，往往都会有意想不到的效果。

## 色彩心理学

——看到斗牛士舞动红布，兴奋的是谁？

在西班牙，斗牛相当受到人们的欢迎，烈日下成千上万的观众为之骚动，而斗牛士舞动红布时，更是引来一阵又一阵的欢呼声。

斗牛乍看之下，似乎是红布引起牛兴奋，然而根据动物学家的说法，牛根本是色盲，红布在它们眼中只是块黑布，布哗哗晃动才是惹牛生气的原因；斗牛士特地选用红布的目的不在刺激牛，而在引起观众亢奋。这类色彩和人的认知印象、行动之关系，属于色彩心理学的研究领域，最近尤其受到重视，只因人们逐渐了解任何环境下，色彩带给人的影响都是极为深远的。

　　若将颜色作概括分类，和自然界的现象作一联想，则红色代表血和火焰，给人活动的、积极的、兴奋的印象；海和草木的颜色是蓝色和绿色，让人感觉沉着自在。这种概略印象，经过详细调查、多人实验结果发现，和人们对颜色的感觉几乎相吻合，亦即：红色意味着愤怒、嫉妒、兴奋、焦急、爱恋和害羞；蓝色则象征自信、永恒、憧憬、理想与优越；深绿色代表未来、梦、理想、憧憬、幻想；绿色隐含理想、自信、乡愁。

　　多彩多姿的生活可由有目的而且善于运用色彩与人的心理关系展开，例如：想要激发旺盛斗志，干劲十足地工作，可以使用红色的窗帘和地毯；欲使焦躁、紧张的情绪平静下来，置身于安宁气氛中，可

以使用绿色的窗帘。至于工具方面，配合自己想要的情绪，分别采用不同的颜色，也能提高工作效率。

总之，随着周边环境的色彩改变，人的心理状态和工作效率也会有所变化，岂能等闲视之。

## 信念的心理学

——心中强烈渴望的，必能到手！

人们常说信念导引人生走向成功，而成功者当中，有许多人的确也抱持着坚定的信念。美国一个名叫格拉德·布里斯特尔的人写了《信念的魔术》一书，发行之后即在全美引起极广泛的评论，书中有一段文字转述如下——

"不管你想要的是金钱、健康乃至事业，任何事物，只要生活中常保持热切的信念，不可思议的事情将会接二连三地发生，最后必能如你所愿。

"举个例子来说，零售商想要生意兴隆，店主在顾客上门后即不断反复想着：这个人一定会买，则店主的心思必然会和顾客相通；加上店主的一番美言和良好的商品摆设，顾客果真买了，如此一来，销售额自然增加数倍以上。这就是信念的魔术。"

布里斯特尔表示读者若有意使用信念的魔术，不妨准备三四张卡片，坐在安静的房间内，自问想要什么，将答案简洁地写在卡片上，例如："提高50％的销售额"、"构想企划案"，目标形形色色，务必要将这些卡片贴于桌前显眼的地方。接下来，另外抄写一份内容相同的卡片，随身携带。总之，一天24小时，无论是睡觉或醒着，都要在心中描绘这一目标，相信自己必定能够做得到。

刚开始看不出明显的成效，但是时间越久，往往就在意料不到的地方，想出很棒的点子。在床边放着纸、笔备用，好点子一浮现，马

上记下来，依着点子实践，必能带给你想要的事物。而且愈是坚信不疑，目标也愈早实现。这就是布里斯特尔所称的——"信念的魔术"。

听起来似乎很玄，但以美国这样重视物质主义、实用主义的国家，却仍有人相信乃至于付诸行动，留下成功例子的事实看来，此一观点岂容轻视。

## 高尔夫球心理学

——"不用在意"——只要这样想，就不会铩
羽而归!

人际关系或工作上不愉快甚至失败的经验，想必
每个人都曾有过，更不用说其他各式各样的挫败回忆。
束手无策的经验，不愉快的过去，会使人自我暗示，怀
疑是否重蹈覆辙，而留下坏影响。如打高尔夫球出界
（OB），之后再来到同一球洞，就会心神不宁满怀疑
虑："又来了! 上次这样打，出了界; 这次换个方式不
知道会怎样?""不行，手腕弯曲不好!""……"结
果又跟自己担心的一样，球杆一挥，还是OB。

类似经验并不仅限于打高尔夫球，生活中俯拾皆是——讨厌的事和挫败，越是去想它，越是容易"再来一次"；而且，情况愈重大者，此种倾向愈是明显。原因在于一开始的失败叫人失掉自信，进而在紧张的内心深处，强烈地自我暗示——"会不会再次失误？"

想要摆脱这一恶性循环的梦魇，能将不如意的事完全忘记当然最好，可是不愉快的记忆，岂是那样容易忘却得了的。即使勉强自己，这些不愉快、不如意，反倒因为你想要强迫自己忘记，而在意识里留下深刻的印象。所以，我们不要想把失败一事忘得一干二净，而要试着将失败记忆仅限于一小部分。

以高尔夫球为例，与其记着自己打了OB，不如告诉自己——"这一

洞并不会使杆数增加"。也就是说不刻意强调OB这样大的失误，让自己只记得"这件事不用在意"。如此改变记忆的形式，尤其适用于处理令人不快的失败回忆。一旦你肯告诉自己"总之，当时真是不顺心"，心情应该也会跟着快活起来。

## "丢三落四"的心理学解释

—— 找出丢三落四的真正原因——紧张过后的松懈感才是元凶！

许多到车站领取遗失物的人，常常在依规定手续填写资料之后，忘记带回自己的遗失物，空手而返。"哎呀，总算找到了！"一旦安下心来，紧张感就会消失，其他的重要事物就全都忘记了！

我听一些推销员说，他们在签好重要契约之后，往往漫不经心地留下文件或笔而离去，总是丢三落四的。像这种情形，心理学上的解释是，人从紧张状态解脱下来的放松时刻，最容易遗忘东西。这也就是考场常见人们遗忘东西的原因。越是重要的考试，当时的心理负担越大，考完后的解脱感也越大；开夜车的读书方式所以容易忘记，就与考完后的解脱感有着很大的关系。

著名的心理学家多湖辉曾经参加某个电视节目演出，制作单位要求他"使同台演出者三到五分钟之内，遗忘东西"。于是，他决定对演出者施以三阶段的心理障眼法：

第一阶段——拿出印有数学问题的卡片册，要求受测者每解答一张之后，"一定"要在右下角写上自己的名字。

第二阶段——进入会场之后，主持人会发给每人一张卡片，回去时"一定"要交还。

第三阶段——手提包之类的随身物品，"一定"要依照指示放在桌下的棚架上。

然后，受测者随着节目主持人的指示时间来做数学题目。也就是说，主持人一喊停，即使本题尚未做完，也要紧接着做下一题，但是每一题的作答时间逐渐增加。

结果，忘记写名字的人在最初一二张问题卡之后，比比皆是；半数以上的测试者，都忘记自己放在桌下的东西；而且，几乎所有的人都忘记要交还卡片。

由此看来，受测的压力将其他事物逐出脑海，测验终了之际，丢三落四的现象也就同时出现。事实上，在我们的日常生活中，经常可以见到类似事件发生。像前来接洽生意的人，商谈结束时，忘了带走文件一事，若从上述观点来看，这个人当时无疑是"相当紧张"的。为了避免被识破"这家伙吓得……"您应该有所警觉，办完要事离去时，千万别露出马脚。

## 动机性遗忘

——忘记失败与不愉快的心理机制

某家小姐在接近婚礼的前几天，竟把试穿结婚礼服的时间搞错了。结果，婚约解除，该小姐也因为心里老觉得不舒服，而离家出走。

"人都有一种潜在的欲求，那就是希望对自己感觉不满意的事，能尽早从记忆中消失。"

精神心理学称这种欲求为"自我投入"（egoinvolvement），多半由人们无意识的行动中显露出来。

美国心理学家罗森柏格曾做一项实验，以研究忘却的原因。首先，他让受试者解答几个问题，然后调查他们对问题的记忆情形。结果得知受试者对自己解答完了的问题，抱持成功的满足感，未能解答的问题则使受测者心中感到失败、不愉快。也就是受测者普遍记得自己能解答的问题，而自己解答不了的问题，却希望尽快忘记。

"人们对于自己过去的事——不满意的事，都想尽量隐藏起来，并且希望它们尽早从自己的脑海中消失。"

最有力的证据是，一方有意谈论另一方不满意的话题时，另一方总会若无其事地转移话题。这就是人们不愿碰触自己不如意、不喜欢的事物的心理在作祟。

所以，当你发现跟你谈话的人，想要把话题岔开，可能就是他对该话题有心结的征兆。

心理学趣味派？ ⑩

**期待与愿望——**

**你是"平常人"？**

**或是"有点古怪"？**

下边有A～D四个完全一模一样的箱子，箱内各自装有某件我们不晓得是什么的物品。如果要你从四个箱子中选出一个来，你会选择哪一个？不妨仔细想想。

要某个人选择外表一样、内容不同的箱子时，他会有某种奇怪的心理作用。根据心理学家布鲁克斯所作的调查结果，发现选择左右两端A与D两个箱子的少之又少。

90％的男性和80％的女性，会选择Ⓒ箱子，也就是说，选择中间Ⓑ和Ⓒ两个箱子的人占绝大多数。

选择Ⓐ和Ⓓ的人，多半对两人世界的生活抱持强烈的期待与盼望，讨厌普通、常识性的事物，追求个性化的发展。

## 心理学趣味派？ ⑪

### 《恶作剧性质的圈套》——

**小心！**

**陷阱就在你安心的地方！**

问：下图中有三个木桶，它们的大小顺序为何？

答：答案揭晓时，或许你会惊讶道："怎么会呢？"几乎所有的心理学书籍都会告诉你三个木桶一样大小，其中某个看起来较大，是因为视觉错觉的缘故。

（正确答案是：A＞B＞C）这也正是我们说这个问题有点作弄人的原因之所在。

事实上，应算是最小的C木桶，看起来却是最大的，错觉的原因在于背景的房屋形状，印证了心理学的原则：人的知觉会受经验累积成的心理基准影响而发生变化，未必能完完全全地接受客观的事实。

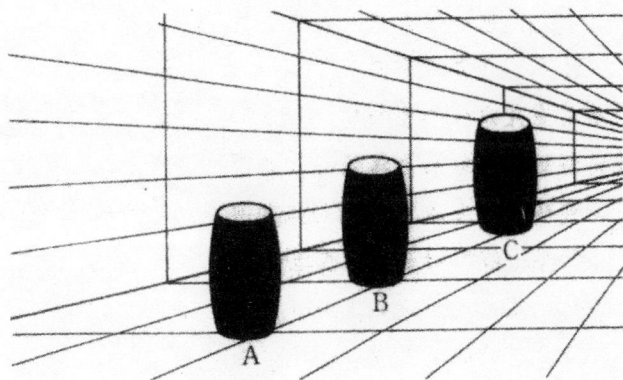

心理
实验室XINLI
SHIYANSHI

**第七章**

身体语言的奥秘
——姿势、动作述说着一个
人的心理、情绪

# 悄悄入住对方内心世界的动作诀窍

## ——"身体领域"——切勿侵犯对方的领域

动物皆有夸示自我领域的意图，常见的例子如：狗借着到处小便，向其他的狗宣示自己的领域；香鱼有撞击侵入自己势力范围的同类身体予以逐出的习性，人们因此提出以香鱼诱饵挂上鱼钩的钓法。美国的动物行为学家海狄格观察动物的种种行为，归纳出所谓的"距离法则"。

举例而言，假设有一匹野生的马，人类试图接近它，刚开始它怀疑地盯着人看，等到人接近某一距离，马会慌张地想要逃走，此一距离就称之为"逃走距离"。如果人类越逼越近，而它又受栅栏阻挡，无法逃跑，会回过头攻击人类，因为人进入它的"攻击距离"。而成群结队的马群中，每匹马都互相保持距离，称之为"个体距离"；若当中一匹看似脱离马群，鸣叫声和气味仍和群体保持联系，则称之为"社会距离"。

美国文化人类学家赫尔（Edward T. Hall）根据海狄格的学说，发表"表达空间"说（Proxemics）——Proximity（接近性）一词衍生而来。此一学说和动物的领域行为一样，含有防卫、防御的意味在内，而自己所占有或处于自己支配下的身体地带，即为"身体领域"（Body Zone）。

【身体领域】

主动、有意识地开放"身体领域"（body zone）的人，相对地怀有抗拒心理。

——日本心理学家 多湖辉

【取得自白】

问嫌犯口供时，座位应靠近他，彼此之间不宜隔着

桌子之类的东西。然后边问边将座位往嫌犯处拉近，以
最后能将自己的膝盖抬进嫌犯的膝盖之间为佳。

——摘自美国警官用教科书

——由距离的取舍方式，了解对方的内在心理！

赫尔进一步将人类的领域行为，依距离大小、意义
的不同，将人与人之间的距离区分为以下四种：

①亲密距离

②个体距离

③社会距离

④公众距离

### 亲密距离（Intimate Distance）

近（0～15厘米）——如字面所示紧密接触的关系，
如恋人、密友，甚至小孩子缠着父母亲或兄弟之间的空
间距离，处于相互抚爱、安慰、保护的状态。

远（15～45厘米）——手可以碰得到对方，而身

体不相接触的距离，如果双方关系不亲密，会下意识地尽可能减少动作，例如手碰到对方又马上缩回。对他（她）颇有好感，却又犹豫再三，不知如何是好。

### 个体距离（Personal Distance）

近（45～75厘米）——自己手脚可以抱住或抓住，尽管如此的距离，可随自己的喜好与否接近、远离。虽有好感，却无特别亲密之关系，所谓的"女性朋友"是也！

远（75～120厘米）——彼此伸出手臂，互相用指尖触摸得到的距离，超过此一距离，即无法轻易用"手碰触到"，处于"不吵架，好好谈谈"的心理状态。

### 社会距离（Social Distance）

近（120～210厘米）——办公事、非私人事务之距离，常见于上司与下属之间，复杂事物在此种距离时，较具可行性（与远者相比）。

远（210～360厘米）——社交场合等讲求身份关系情况下常见，能将对方完全纳入自己视野范围的距离。总经理、董事长以及高级干部使用大型的办公桌，目的在于确保自己与部属之间的这种距离。

### 公众距离（Public Distance）

近（360～750厘米）——人们以抱持领域意识范围的最大距离，教室里老师与学生之间的距离。

远（750厘米以上）——可确保人身安全的距离。

以上说明的是由距离大小来看身体领域的意义。对方内心里如何看待自己，从他（她）与自己之间保持何种距离，即可窥出端倪。

---

【动作解读】

1. 往正对面的位置坐下来的人，比往旁边坐的人，更希望让对方了解自己。

2. 往对方身边坐的人，比挑正对面位置坐下来的人，更有心理上的一体感。

3. 一边往对方身边坐下，一边急着扭过身子，看着对方的人，相对抱持怀疑和好奇的态度。

——日本心理学家　多湖辉

---

## ——从选择座位看人的心理

观察人的"身体领域"行为，更简单的方式是看人们选择座位的方式。例如，我们观察电车内部由空荡荡到所有座位被占满的情况，便会注意到整个过程当中，似乎有某种法则。

首先，人们会从一排坐椅的两端入座，因为最初入座的乘客，都想尽可能地远离其他人。而接着入座的人坐到哪里呢？当然是距离坐椅两端最远，也就是最中间的座位。最后，座位才渐被后来上车的人占满。

所谓"法则"并不只是所谓的"占位法"，一般的人际关系，以及男女关系之间，也适用于这个法则——通常这表示与他人之间没有亲近感或嫌恶感之类的特别心理关系。反过来说，与邻座的人处于特殊心理状态的时候，入座的方式则有别于"身体领域"法则。

以上说明了"身体领域"的意义，以及从"身体领域"意识衍生出的精神心理。事实上，男性掌握女性心理，使自己处于有利地位的秘诀，也包含在"身体领域"意识里。然而，不了解"身体领域"的应用之道，仍旧无济于事。接下来就介绍"身体领域"的三个活用技巧。

【外向的人】

外向的人喜欢坐桌子的正对面或正侧面，有向对方接近的倾向。

【内向的人】

内向的人坐桌子的斜前方位置，想与对方保持不论是视觉上或实际上都要来得较大的距离。

## ——悄悄接近异性的三种方式

从"身体领域"看潜意识心理，有下列三个要点：

①入座时，对方与你保持什么样的〈距离〉？

②对方坐在你的哪个〈方向〉？

③对方坐下时的〈姿势〉如何？

〈要诀一〉
——故意侵入——以产生亲密感为前提

思考前述各项"距离"的说明，读者应该可以预见
①中的〈距离〉与身体领域有直接的关系。距离除了远
近之外，还有另一层面的意义——对方有意地侵入自己
的身体领域。也就是说，跟自己并不亲密的人，进入一
般认为属于身体领域（0～120公分以内）的距离。

即使如此，仍不能贸然认定——"喔！这个对我有
意思"，必须考虑到对方可能有两种意图：一是对方想
胁迫你，用缩短距离产生压迫感；另外则是对方打算使
你们之间的关系，变得比目前更为亲密。

究竟是哪种意图，可以由你自己身体的移动方式来

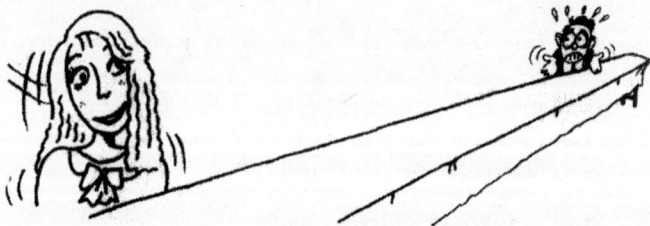

判断。若对方意在胁迫，你的潜意识自动产生防卫作用
的结果，会使你挺起胸膛（坐着时），以便恢复你自身
的"身体领域"。反之，若是对方想要讨好你，你就很
少会有这种反应。女性特别擅长巧妙运用侵入身体领域
的方式，增加彼此的亲密感。

〈要诀二〉
——并肩交谈的功效

对方想与你并肩而坐或相对而坐，心理上就有很
大的差异。一般说来，人与人正面相对时，除了相互拥
抱、握手的情形之外，并不会侵入对方的身体领域，而
保持在对方全身或上半身，大体都能进入自己视野的距
离内。

并肩而坐，相对地，往往都是略微紧密地并列着。

面对面坐下，二者之间大多有桌子之类的障碍物，心理距离变得较远。一方过分靠近时，另一方可能为了恢复自身的身体领域，挺起胸膛，表现出抗拒的反应。

另外，面对面的双方，视线必然会相接触。通常视线的冲突很容易引起彼此心理上的僵持不下，使人不由得摆出架势（当然，情侣间的含情脉脉是属于例外）。然而，并肩而坐却能使这种对峙心理消失。更因为双方无意识地面对同一方向、同一目标，连带感油然而生。即使双方初次见面，也会有相同的效应。

现在，年轻男女到酒吧时，似乎有喜欢坐吧台胜于包厢的倾向，多半采取无"警戒意识"并肩而坐的方式。电影、电视剧里常见的一幕是女主角为寻找伴侣，来到单身酒吧。而她选择的也是吧台的座位。而她身旁的空位，即仿佛是在暗示男性："坐到我身旁来吧！"

自动坐到你身边的人，对你有强烈的亲近感。换言之，这是他（她）想要确认与你一体的证据。隔着桌子谈话的男女，即使状似亲密，多半还不是深交的朋友。

虽然二人并肩而坐，话语不比相对而坐着来得多，却因为感觉一体，而"此时无声胜有声"。

〈要诀三〉
——让人心理不安

坐的〈方向〉的另一个问题点，在于背对房间的入口或是房间内部。人的身体领域，也就是地盘意识，以自己前方最为强烈，身体两侧及后方的领域意识较为缓和。换句话说，人的背后经常是处于无设防状态，所以常会叫人感觉不安。

那么，要如何才能解除这种不安的感觉呢？答案很简单，就是背对房间墙壁，以能直视入口的姿势坐下。所谓"压力面试"，就是主考官背对房间内部坐着，而让应试者背对着门。背对着入口，心理状态会变得不安定，因此这种面试方式，当然不利于应试者。这时，主考官就可借由应试者动摇的心理，推测他内心深处的想法。

这是在面试的情况下，无可奈何。其他场合，如果一直无法与对方顺利交谈，则不妨将自己座位移至门口、背对墙壁。自然而然，你的心情就会沉着下来，谈话也会如你所愿般地进行下去。

另外，尽挑房间最里面坐下的人，不是权力欲特别强，就是对周边感觉不安或者是神经质的人。

〈要诀四〉
——从坐姿看性格

人站立的时间远比坐的时间还多。或许如此，坐椅子时，大体上也都是以能立刻站起来为前提。因此大部分的人坐椅子均以浅坐为多。这种高度紧张、随时准备下一行动的状态，心理学上即称为高"觉醒水准"。

　　但是，人们不可能长久处在紧张状态之下，任何人经过一段时间之后，都必须使自己轻松下来。于是"觉醒水准"自然变低，椅子也越坐越深，甚至连腿也伸了出去。在这种情况下，是不可能立刻站起来的。

　　也就是说，越是向椅子前方轻坐，越表示该人心里着急，精神不安定、警戒心强。

　　当你地位比对方高，比如说是上司与部属的关系，对方不得不小心翼翼地为你点烟、倒酒，如此当然就不可能坐满整张椅子。

　　必须注意的是，一个人不感兴趣、或看对方不顺眼的时候，也会出现"能立即站起来"的暗示姿势。

　　经常只坐椅子前端的人，容易感觉落寞，比一般人

来得神经质。相反的，越是把椅子坐满的人，越是有自信；否则，就是想处于比对方更优越的地位。这种人贯彻自己信念的决心强烈，工作方面，属于果断利落的一型。

一个人轻松地坐满整张椅子，即表示他精神安定，警戒心低。有要事想与人坦诚交谈，这种时候就可说是最佳的时机。

〈要诀五〉
——脚底玄机

接着，让我们来"解读脚底"吧！

常言道：一个人爱漂亮的程度，看他穿的鞋子即可得知。若在服装方面不惜花费重金，鞋子却邋邋遢遢，完全不在乎，则无异于"藏头露'鞋'"。

但是观察一个人不仅是看他穿什么鞋子，鞋子里脚的动作，往往也透露着玄机。例如，说话时老是抖腿的人，多半内心不安或焦虑。为什么？因为从精神医学来说，人身体的一部分反复接受到轻微的刺激，会经由中枢神经传达到脑神经。结果，便产生了缓和精神紧张的效应。

轻微的刺激何以会显露在脚上呢？

因为脚，尤其是脚尖，是最不引人注意的地方。非常在意他人眼光的人，心理陷入不安的时候，就会"穷摇腿"来调适紧张情绪。

此外，摇腿同时也意味着抗拒对方。根据美国加州大学的罗勃·索玛博士的实验显示，人的内心受到没必要的干扰，以及身体领域遭到侵犯，最初的抗拒行为，就是脚尖咯吱咯吱地踢地板，表示不耐烦、排斥对方。

谈话时对方突然摇起腿来，不妨视为对方开始感觉

无趣、无聊。千万记得不断抖腿，就是对方不接受你的讯号。

〈要诀六〉
——从腿的交叉方式解读人心

·张腿而坐——人劈开双腿，无非是想扩大自己的身体领域，也意味着支配欲和占有欲十分强烈。

·合腿而坐——不在意对方，或是想以轻松心情对待人时的动作，常见于讨厌受拘束的人身上。

·双腿交叉而坐——个性好胜，自我表现欲强烈，喜欢引人注目。

·双腿交叉，右腿放在左腿上——性格羞怯，不会主动、积极接近异性；对理性和有男子气概、责任感的人抱有好感。男性与她交谈时，与其引导对方，不如配合她的步调，更有利于顺利交谈。

·双腿交叉，左腿放在右腿上——个性相当积极，自我本位的倾向强，但在异性眼中却是魅力十足，善于引导。在冒险家型的人身上，经常可以看见这种"信号"（姿势）。

·脚尖并拢而坐——如同少女一样，追求柏拉图式的爱情，重视精神上的契合甚于肉体的结合。与这种女性交往，待她有如父兄一般，比让她感觉你的男性魅力会更为有效。

·双腿之一略向外弯曲——自尊心强，不愿受到伤害。相对地，赞美她的容貌、仪态或品位，态度即会好转过来。模特儿、演员的坐姿多半是这一类型。

·脚的交叉方式不定，频频更换——心中挫折感强烈，尤其是内心慌乱或感觉寂寞时，常见这类动作。年轻人若有这类举动，多半表示性方面的苦闷与挫折感很深。

## 手势显现"女人心"——有意或无意？

——手的感情信号

人大脑皮质功能中，绝大多数都是用来控制手的动作与脸部表情——也就是说，手能表现出与脸同等的感情。

女性常被比喻为"情绪动物"，感情非常直接地表现在脸上，这点是男性望尘莫及的。此外，女性的手不知不觉之中，也会"透露"出她的情绪。而且两相比较之下，在脸上隐藏不住的情绪，往往会一五一十地化为"手的表情"。

· 抱着胳膊——抱着胳膊显示的第一个意义是"抗

拒"。平常理当下垂的胳膊，交织在胸前，就是想要在自己身体前方构筑强力的壁垒。这是不愿他人进入自己领域的姿势。

如果抱着胳膊的同时，带有点头示意、微笑，则意义完全不同。这种情形表示她对说话者的话题非常感兴趣，并希望能够更广泛、深入地了解。心理上想拉拢对方，是防止自己冲动，而非对外防卫。

·手放在背后——乍看之下，似乎在思索什么，事实上，多半不过是"装腔作势"而已，并且以抗拒他人接近的情况居多。有些动作乃因担心他人接近的心理所做出。

·卷起袖子，露出胳膊——表示"兴致勃勃"。露出胳膊是夸示自己的力量。专心倾听或专注于某一工作时常见的姿势。

·触摸对方的身体——边说话边触摸对方的手、肩、膝等部位，是心怀好感的证据，因为这时的身体领域距离是零。若是进一步出现抚摸动作，是期待对方反应、等候邀约的信号。同时也表示她性格主动积极。

听人说笑，边笑边用手拍人肩膀，也是怀有好感，开始对说话者个人及话题内容感觉兴趣的迹象。

·抚弄头发——一般而言，女性若非在自己垂青的男性面前，不会轻易拽弄头发。即使悄悄用手抚弄，或扎起头发，心中期望对方看到，也是在等待男性的温柔言语和接近自己。

此外，女性遭遇挫折的时候，也会出现这种动作；但是猛揪自己的头发的动作，则是后悔、焦急时才会出现的。

·手贴脸颊或耳际——这是所谓的"遮羞"动作。心怀情意而想要掩饰害臊的无意识举动。

·托腮——在你面前，托着腮听你说话，多半没有集中精神倾听，她的动作正暗示着"我也有话想说，但……"对方觉得很无聊时，你就应该停止高谈阔论，

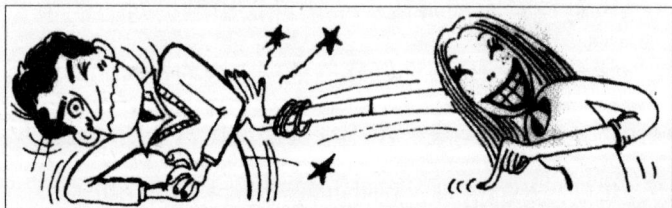

让对方主导谈话进行。

·指尖咚咚地敲打——表示对方焦躁、紧张、抗拒的红色信号。此时宜中断谈话较为妥当。

·把杯子等物品推向对方——欲向对方展现优越感，或是感觉心理压迫感时，常见的动作。借着把桌上的烟灰缸、茶杯等小物品，若无其事地推向对方，扩大自己的身体领域，意图在心理上处于上风。

反之，你若想占据心理优势，只需表现出此一动作即可。对方可能会把椅子向后拉，或是挺起胸膛，以舒解心理上的压迫感。

·手插口袋——这一动作象征种种心理状态。可能是心怀警戒，希望隐藏手势，让他人无法识破自己内心的想法。另外，也有可能是不相信对方。

# 眼睛会说话——由眼睛看女人心

## ——锁定人心的视线魔术

常言道："眼睛是灵魂之窗。"人的心理最容易表现在眼神上。

人的大部分动作，都是遵照脑部指示运作，唯独视线例外。从视线是否集中，即可看出一个人感兴趣与关心的程度，以及亲切感。

果真如此，如何从对方眼神透视他（她）的内心呢?

〈要诀一〉
——对方凝视着你吗？

解读视线首先得注意对方是否看着你。

通常一对一谈话时，视线朝向对方脸部的时间，约占整个谈话时间的30％～60％。假使超过这个百分比，即可认为对方关心你的程度，胜于谈话的本身了。

反之，视线停留时间低于全部时间的30％时，可能是有事隐瞒。移开视线则意味着心理状态正处于"不愿意让人看见"，可能性不低。

【敏感的人】

对别人言行敏感的人，经常会看着对方。

【视线】

凝视对方过久，不移开视线的女性，有不可告人之事。

初次见面即抢先一步，岔开对方视线的人，大多是想占上风。

——日本心理学家　多湖辉

〈要诀二〉

——避开视线的方式

与人交谈，谈话开始和结束的时候，对方应该都会看着你。前者是让你知道谈话即将开始，后者则是想知道自己的说话内容，对方究竟了解多少。

然而"避开视线"的动作，又意味着什么呢?

一般来说，初次见面先闪避对方视线的人，个性较主动，心中想比对方更居上风——因为避开对方视线，会使他心神不安。想必大家都有过这样的经验：与人初次相见，对方急于避开你的眼神，你难道不会猜想："她看我不顺眼?"或"她讨厌我?"而且很奇怪地，你会十分留意对方，往往不知不觉间，就随着对方的步调打转。

所以心理上如果想占上风，一开始时就应该避开对方的视线。

【表示敌意的信号】

凝视固定一点般、动也不动的视线，即表示强烈的敌意。

【岔开视线】

看异性一眼后，故意岔开视线，含有强烈的性需求意味。若被人凝视而单单将视线岔开，多半是心中有某种弱点或自卑感。

——日本心理学家　多湖辉

〈要诀三〉
——以视线的方位解读对方心理

视线的方位可区分为三种，其所显示的心理意味也各有不同：

①往下看的视线——想较对方居于优势的心理状态；急欲主导彼此间关系，以便支配对方，常见于上司对部属、父母对子女。

②水平的视线——想以对等关系与对方交谈的心理状态。常见于朋友、同事之间。

③往上看（眼珠上翻）——处于被动的心理状态，期望对方引导，依赖感强烈的视线。部属看上司、子女

看父母大多属于此种眼神。

视线方位除了可以判断对方心理状态之外，也能看出你在对方心目中的形象。所以，将计就计不失为好的对策。例如，对方视线为①类型时，你不妨表现稍微依赖一些；若为②时，则双方皆无须客气，平等相待即可。

---

【视线的移动】

说话时若视线集中于对方，表示此一话题是自己想要强调、期望对方了解的。

与人谈话时，对方假如斜眼相望，不论此事和对方有无重要关系，多半表示对方没兴趣知道。

——日本心理学家　多湖辉

【瞳孔】

男性看到女性裸照时，瞳孔张开幅度比平常大20%；女性看男性裸照，却显现出看婴儿照片时产生的类似反应。

——美国心理学家　赫斯

〈要诀四〉
——眼珠转动的方式

谈话当中，对方视线开始左右摇摆，四处张望，可能是他精神紧张、不安、心怀警戒的迹象。这时她试图掌握全部视野，获取眼前所及的一切资讯，想要表现得镇定、沉着。这可算是眼睛的"不断抖腿"的现象。

初次见面，却在别人面前不断眨眼睛的人，可能个性怯弱，或是畏惧对方。为了早些脱离这个窘境，而直眨眼睛。相反的，听人说话时，眼睛眨也不眨地凝视着对方的人，不是处于安心、放心的状态，就是满脑子的事情，根本就心不在焉。

应付上述两种情形，不管后果如何，先盯住对方的眼睛。即使对方出现厌恶的表情，或是故意忽视你的存在，你仍然要死盯住她的眼睛。不管是哪一类型的人，经你"凝视"，意志都会动摇。

的确，人们会因感觉"自己有被看的价值、有魅力"，转而认为"对方关心我"、"受注目的感觉真不错"。这种注视对方的眼神技巧，虽然需要耐性，却颇能打开对方心扉，而且效果相当卓越。

然而，值得注意的是，如果你心存侥幸，徘徊于"动摇对方意志"与"关心对方"之间，你的凝视，极可能招致对方强烈的反感。

## 笑声读心术—由笑声和嘴型看人的心理

——笑是掌握人心的线索，初次见面也能由此看出性格

仔细观察之后，会很意外地发现：每个人的笑的方式并非与生俱来，而是在10岁以后，受环境左右，慢慢学习得来的。

所以，即使初次碰面的人，从他笑的方式，也能立刻窥知他的为人。尤其特别需要小心下列几种笑声：

"笑声像女性的男性"——他们经常在暗中冷不防地做出骇人的举动，个性不喜欢被人探知内心世界。当然，和此类型的人生活在一起，就算是夫妻，也很难让人看出他真正的心思；可能逢人一副老实模样，但却背地里对妻子不忠实。

"窃笑"——暗中讥笑，以年轻人的情形居多。

"用鼻音哼哼冷笑"——带有戏弄之意，表示有轻侮人的倾向。

"阴笑"——野心家，表里不一，常伺机占人便宜。

"暗笑"——言行不正当，尽可能想要不劳而获。

"奸笑"——心怀秘密的人。

"硬要用丹田之力大笑出声"——处心积虑想使人注意到他的存在。虽说自信满满，其实却可能只是个胆小鬼。

## ——嘴角玄机

常见有人把手放在自己嘴边，这种习惯在男性之中并不多见，似乎还是属于女性的专利。

女性笑的时候，稍稍用手遮嘴，感觉是蛮可爱的；

但若经常如此，却叫人放心不下。因为这种情形意味着不愿让人识破自己真正的想法，隐藏自己弱点的防卫本能强烈，就算失败了也要尽可能予以掩饰，才是这个动作的本意。

这一类型的人，工作上犯了错，总是想尽办法隐瞒，不让人发现错误即可了事；却因为刻意掩饰，使得错误越来越严重，只好一错再错，撒谎欺骗。

此外，任何团体里，都可以见到事事都有意见的人。这种人开口闭口都是大道理，目的在于让自己情绪平静下来。公车上就常听见这种人高谈阔论，批评上司气量短小、办事没有章法等等。倘若仔细观察这类人的嘴型，你将会发现他们歪着嘴唇说话。

同样地，嘴角下垂如"ㄟ"字形的人，也叫人望之却步。这种人上酒吧等娱乐场所，女性也多半不愿意接

近他，怕他会对调酒的做法、别人说话的方式等都有意见，嫌他烦人。事实上，"ㄟ"字形的嘴型，让人感到强烈的拒绝感，也难怪周遭的人会反应如此。

而说话时，"下巴抬得老高"的人，虽然与嘴型无关，坦白说，也是"生人回避"的类型。

个体碰到他人在其面前，下巴抬得老高，心理上很可能感觉受到攻击、挑战，不由得担心："这家伙，是不是来找碴的？"

总之，说话时下巴对着人，是种相当容易树敌的动作。

## 抽烟、熄烟的手势，暴露出一个人的性格

——熄烟类型

尽管抽烟一向被视为健康的大敌，喜欢吞云吐雾的人也越来越少，办公桌上或餐桌上，仍旧少不了烟灰缸。

事实上，一个人吸烟的方式，与其性格有着密切的关系。与人会面或开会时，不妨仔细地观察吸烟者的模样。

一个人抽烟和处理烟灰的方式，浮现出下列的性格：

①一点一点地熄掉烟——非常关心与性有关的事物，有虐待倾向，且容易动怒，遇到阻碍就滞留不前。

②把烟头笔直地朝烟灰缸一次按熄——这种人会把工作和休闲划分得一清二楚，个性坚毅。

③分两次按熄烟头——品位低级，看报纸只看八卦类的社会新闻、经常爽约的人。

④烟头按了又按，三次以上——闷不吭声，像有什么心事似的。擅长吸引异性，却又很快厌倦。

⑤随便按一下，不在意烟是否完全熄灭——任性、缺乏毅力；社交手腕虽好，对人的好恶却表现得露骨、直接。

⑥倒水进烟灰缸——兼具一板一眼与吊儿郎当的性格，常叫周遭的人不知所措。有些任性、感情脆弱。

⑦不弹烟灰，任其积满掉落——外表看似大胆，本性却胆小、吝啬。这种人若是单身，或许会懒得连脏内衣都照穿不误。

## ——抽烟的姿势

抽烟姿势当中，最有问题的是下列几种：

⇧公私分明的人

⇧用心的人

⇧易受感动的人

⇨怯弱且吝啬的人

⇦一丝不苟的人

⇩神经质、死心眼的人

⇦喜怒形于外的行动家

⇦应该算是糊涂马虎的那一型吧?

· 一有烟灰立刻弹掉的人

· 烟蒂也会放得好好的人

不论是前者或后者，性格均倾向完美主义。然而，太过于神经质却也成为问题。认真过度，有时反倒不能适当地处理事情。

这种人大多属于强迫型性格，平日不是挂念家里瓦斯没关，就是担心忘记关掉电源，甚至人都已经出来了，还要跑回家再三确认，才能安心。

建议这种人不要凡事闷在心里，给自己增添压力；对于小事情不要斤斤计较，想开点比较好。

· 用大拇指、食指、中指夹烟的人

脑筋好，又处处替周遭的人设想。在工作岗位上，不仅不会出差错，而且颇有人望。

但是，别在意别人对自己的看法——自我意识强烈也是不争的事实。

这种人若是女性，则多半爱慕虚荣。

· 用食指和中指前端夹烟的人

生活踏实，凡事能多方考量，并没有值得人忧心的地方。话说回来，倒是有畏首畏尾的毛病。女性的话，大多是老好人，待人亲切，相对地，个性优柔寡断，容易受人摆布。

·用食指和中指夹烟的人

行动至上，坦率表达自己情绪的人。善于主动追求异性，与女性交往相信游刃有余。

这类型的女性，或许因为太过强悍，让人觉得缺乏女人味；而其本性温和、纯朴却是不容置疑的。

# 由"睡相"看性格

## ——睡觉时真心表露无遗

人睡觉时，几乎处于完全无防备的状态，而心理学者也因此认为此时真心表露无遗。

美国精神分析医师邓凯尔就从他与大批病患面谈经验中，发现睡姿会反映病患的性格和心理状况。

于是，他归纳出六种睡姿：

〈胎儿型〉

睡觉时，身体缩成一团，有如子宫内胎儿的姿势。

据说这种睡姿常见于个性内向、依赖心强的人身上，或许是怀念在母亲子宫内的日子吧……有恋母情结的男性，常见这种睡姿也就不足为奇了。

〈半胎儿型〉

膝盖弯向一旁的睡姿。惯用右手的人，多半身体右侧在下，而左撇子则以身体左侧在下居多。

这种姿势虽属胎儿型的变型，个性却中庸、沉稳，叫人感觉安心。

〈王者型〉

伸张手脚，成"大"字形仰睡的模样。

个性沉着、自信心强，思想开放且灵活。这种人大多是在集父母关爱于一身的环境中长大。

〈俯睡型〉

顾名思义，趴着睡的姿势。

没有人能整夜都趴着睡，大部分的人，都会无意识地翻动身体。对这种人而

言，俯睡可能比较容易入睡。

有这种睡姿的人，总是小心翼翼地处理周遭事物，个性认真、谨慎。

〈囚犯型〉

睡觉时两膝分开，脚踝叠在一块，朝侧边睡的姿态。

脚踝交叉意味着内心不安、工作不顺心，反映出某种烦恼的样子。

〈狮身人面兽型〉

背部隆起，跪着睡的样子。

小孩子常有的睡姿，以不想睡觉的情形居多。成人则多半是睡得不熟或睡不着。或许他们为了要在醒着的世界里继续奋斗，才巴不得天快点亮吧？

心理学趣味派？ 12

"我不再上当了！"

"穿直线纹衣服和穿横条纹衣服，哪一个看起来会比较胖？"

· 右图是所谓的

"赫姆赫兹错视图

形"，①与②都是大小

相同的正方形。但是②

看起来却像是左右较长的长方形，①

则像是上下较长的长方形。同理可知

胖的人应避免穿直条纹的衣服，穿横

条纹会使你看起来较瘦些。

· 图Ⓐ～Ⓓ里的线，全是直的，

受到背景的影响，看起来却像是曲

线。

· Ⓒ图称为"何福勒弯田对比错

视圆形"。半径大小相同的弧，夹在

弧度较小的弧形中，显得弧度较大；

夹在弧度较大的弧形中，显得弧度较

小。

· 下页图示是"明斯基与巴贝特

〈澎特图形〉

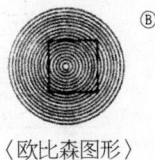

〈欧比森图形〉

〈何福勒图形〉

〈三井图形〉

错视圆形"。猛一看，你会认为Ⓐ与Ⓑ一模一样。事实上，仔细观察后，你将会发现Ⓐ是由一条线所绘成；Ⓑ则是用两条线画出来的。

·下图称为"詹德错视图形"。大小不同的两个平行四边形，对角线e、f长度一样，看起来却是e比f来得长一些。

# 第八章

人际关系活用术

# 让对方听得心花怒放的"说话心理术"

## ——越看越顺眼——"熟悉法则"？

求神拜佛的人相信不断地朝拜某一神祇，诚心能感动神明，让自己的愿望实现。就心理学的观点而言，这种心态相当有趣，值得详加研究分析。暂且不论神、佛是否有心理学方面的概念，心理学理论认为，经常相处、见面，对方也会渐渐对你产生好感。也就是说，求神拜佛的人相信自己的虔诚应能获得神佛的好感，进而帮助自己达成心愿。此一理论称之为"熟悉法则"，并经由美国心理学家查安斯的实验获得证实。

查氏从毕业纪念册中随机选出一些学生照片，受测男学生发给女学生照片，女学生则发给男学生照片，分成A～F六组，进行测验。然后，让A组学生看相片一次、B组2次、C组5次、D组10次、E组25次，至于F组的学生则没有任何机会看到相片。稍后，又重复一次同样的步骤，并询问受测者对相片中人物的印象。结果，看照片次数越多的组别，回答"印象良好"的倾向越强。

事实上，这一实验如果以真人面对面的方式进行，仍会有同样的结论。

一般相信，个体与特定人物的接触次数越多，越容易产生好感，原因是彼此多次的相处，得以熟悉、了解对方下一步会有何种举动，信赖感也随之而来。值得注意的是，第一印象太差的情况下，往往就不会有这种效果；相反的，则是更加厌恶对方。第一印象的确随时随地都应该留心、注意。

——何以性格相近的人总是形影不离？

什么是解除心防的关键所在？

　　美国曾经以某大学住宿生为追踪调查对象。调查发现，刚住进宿舍时，住得越近的人，彼此越有可能结为好友。但是，随着时间变化，个性、生活态度相近的人逐渐聚在一块，形成小团体。前一现象称为"接近主因"，后一现象称为"类似主因"。若是以你自己本身的经验加以印证，相信有助于你了解此两种主要原因：是否同班？有无共同兴趣？往往是能否成为好友的主要关键。因此我们才说"接近主因"与"类似主因"是决定朋友关系发生的三大因素。所谓"物以类聚"、"同病相怜"，朋友、同伴，或是境遇相同的人，或多或少都会有相似的心境，有时甚至连言语措辞、态度、癖好都一模一样。

　　某位名嘴曾说过，要让谈话气氛愉快，进行顺利，最有效的方法就是观察说话者的说话方式、态度，并眼明手快地加以迎合。如此，随着对方心防的解除，谈话自然而然渐入佳境。

例如：对方态度直爽，说话单刀直入，自己也就不要装腔作势，而是要打开天窗说亮话。相反的，对方注重礼节，则自己也要态度恭敬，注意言辞修饰。总之，若能迎合对方的态度，必能在短时间内，让对方觉得一见如故，视自己为他的化身。亲密的交往，只不过是时间上的问题。

## ——瞬间进入对方内心的"笑容魔术"

好莱坞电影中，让人印象深刻的一幕是总统候选人，在公关公司的专家指导下，对着镜子练习展现笑容。为了营造愉快的气氛，的确有必要检视自己的笑容。地球上的众多生物里，唯有人类会笑。而人的笑容又包含了许多的意义。例如：瞧不起人、心中暗自高兴、想到什么自觉不好意思，笑的方式往往也大异其趣。即使是爽朗大笑，有时可能是得意洋洋，为了表示自己的胜利；有时却是为了掩饰自己的弱点和不快，故意"哈！哈！"大笑。同样的笑容，因为外在环境的不同，有着不一样的意义。

一般说来，笑的确能使气氛缓和，就算是权宜之计也罢！和对方同时笑，会降低彼此的戒心，涌现亲近的情感。笑之所以能共有，意味着彼此感情一致，此时不但是沟通的绝佳机会，也是让对方接纳自己的良机，而掌握此种机会的窍门就是"笑"。即使对方谈话内容无聊得令人昏昏欲睡，也要尽可能地现出笑容。

"多么累人的苦差事啊！"正因为辛苦、累人，才须刻意营造轻松愉快的气氛，避免自己笑容僵硬，同时也能让对方畅所欲言。那么，就把"笑"作为训练我们把握机会的必修课程吧！


——滔滔不绝或沉默不语的原因

电视上的选举政见发表，往往是人们茶余饭后的闲聊话题，大多数的情况下，候选人多半表现失常，显得谨慎。因为不同于一般说话形态，没有现场听众，候选人独自面对摄影机，得不到听众的回应，使得他们变得不知所措，战战兢兢。由此，我们可以了解，平常不太注意的点头之类的小动作，在人与人的会话里，扮演着极为重要角色。

过去，人们常认为善于点头的人，能够有技巧地引导对方说出自己想听的话。然而，从电视等传播体系得知，好的采访者成功的原因不在点头回应的次数，而在于点头的时机正确与否。有个实验，让一个人接受面试，面试过程分为三个阶段：前十分钟和普通的面试情况相同；后十分钟则由负责面试者对受面试人的谈话频频点头回应；最后十分钟，受面试人得不到任何回应。实验结果发现，得到点头回应的次数越多，受面试人讲

话的时间越长。点头回应的确是使人话越说越起劲的"暗号"，它让说话者觉得听者理解自己所说的话，愿意继续说下去。相反的，听者若无任何点头回应，则说话者只会怀疑对方是否接受了自己的说词，徒增不安，认为还是不开口为妙。

经由以上说明，你应该知道谈话进行得顺利与否，点头回应有着润滑油般的功能。当然，"重复对方的话"、"微笑"和"随声附和"也有同样的功效，若是能运用得当，相信必能提高对方说话的兴致，使其畅所欲言，有机会听出他的真心话。既然如此，为何不下些工夫，注意这方面的事情呢？

## ——"口若悬河"则"话不投机半句多"

说话方式通常是人际关系良好与否的主要关键。然而，究竟怎样的说话方式才算高明呢？若是认为高谈阔论、辩才无碍才算会说话，那就大错特错了。好讲道理、口若悬河的说话方式，不但无法抓住人心，而且只会让人敬而远之。原因是：人与人之间的对话方式，除了遣词用句不同之外，还会受对话过程中彼此交换非语言信息所引发的心理作用所左右。这类的"信号"交换进行顺利的话，彼此间的谈话也会顺畅无碍。英国社会心理学家阿吉尔的研究结果，正可以解释这一点。阿吉尔以两人对话的情形为例，发现原本互视的眼光，在另一方想发言时，往往会将他的视线移开，若是原先说话的人不将他的视线移开，只会让想说话的人开不了口，久而久之，不满也就油然而生。此外，彼此对话愉快的人，通常说者说完某段话后，会将视线上移，期待听者的回应，听者也会表示："的确"、"嗯"、"然后呢？"或是点头表示赞同。等到说者说完话，又会将视线上移，注视听者一阵子，听者回视，然后彼此角色互换，进行另一段对话。

注意上述的对话过程，唯有这类的信号交换进行顺利，彼此间的对话才会顺畅无碍。相反的，冗长的个人谈话秀，可以预见的反应将是"言者谆谆，听者藐藐"，听话的一方开始抽烟、喝水、四处张望。此时，说话的一方应该察觉到也该让对方说说话，否则，对方只会更不耐烦，明显地做出敲桌子、频频看表、变换姿势或是猛瞧天花板、地板之类的动作。总之，口若悬河的说话方式，实在不算高明。能够一边注意到上述细微的肢体动作，一边注意调整自己的说话方式，才是一等一的说话高手。

## ——自我意识强的人，经不起别人的曲意奉承

一般而言，任何人受到别人的赞美，即使明知是恭维之词，或多或少也都会有些飘飘然的感觉。小自赞美容貌，如"好帅！"、"多性格啊！"大到称赞工作表现，如："没有你就没有公司"、"经理多器重你啊！"等都让人觉得受用。而自我意识强的人、好出风头的人、自命为领袖人物的人，尤其

经不起别人的曲意奉承。自尊心强的人，在想都没想到的情况下，甚至还会高兴得"忘了我是谁"。若是以谣传形式，经由第三者传到受夸奖人的耳中，效果更大。赞美的言词正是交换喜欢与否的决胜关键。即使如此，用得不对，仍会有产生反效果的可能。做太太的若想让老公抬不起头，最有效的，莫不过于说："隔壁的潘先生，据说升经理了！""李先生听说调去东区分店了，人家好优秀啊！""而你……"就算最后一句话没出口也够伤人的了。当你夸奖第三者时，常常不知不觉地伤害到对方的自尊心。老经验的推销员都知道，招揽客户最大的忌讳即在于夸赞其他的客户，"张先生也是买了同样的东西，真不愧是有身份的人"之类的话，只会引起反感，说不定该客户对"张先生"的印象本来就不太好。

——逆向运用，流言也能引来关注

闲言闲语常使人听得眉飞色舞，食欲大增，说人闲话的人也似乎觉得此举是世上第一大乐事。当然，说者往往事先言明勿将闲言闲语外流，听者却往往又将听来的流言，转述给别人知道，让人大叹"人的嘴巴真是靠不住"！由于谣言最后必然会为当事人所知悉，逆向运用这种传播途径，必能吸引目标对象的注意力，也就是说，透过第三者的嘴赞美对方，相信任何人都不会介意听到这样的"善意流言"。因此，使用这个方法，应该能大大赢得对方的信赖。但是，要怎样做，才能达到最佳的效果呢？

美国心理学家阿龙森和琳达曾做过一项有趣的调查实验，询问受试者"听到别人说自己闲话时，对说者有何印象？"实验情境分为下列四种：

Ⓐ始终赞不绝口，直称是"大好人"、"厚道"、"亲切"、"卓越"。

Ⓑ刚开始猛挑毛病，如："不起眼的家伙"、"没知识"、"口才差"，而后又如Ⓐ一般加以称赞。

Ⓒ从头至尾，一个劲地损人。

Ⓓ先褒后贬。

这四种类型当中以 Ⓓ 给人最恶劣的印象——先褒后贬，既容易伤人自尊，造成的伤害又大，因此为人所厌恶。而予人最佳印象的并不是 Ⓐ，而是 Ⓑ，也就是"先褒后贬"似乎比 Ⓐ 赞不绝口，更能赢得好感。一般相信的理由是刚开头的批评，让人感受到客观性，而后的称赞则激起人们的自尊心。总之，想要随心所欲掌握谣言的运用，给人好印象，最后的大加赞美才是聪明的方法。不过，话虽如此，却仍不可以只是批评人，批评的内容亦应该限于不伤害到彼此关系的事物为宜。

## ——"别人的失败，就是我的快乐？"

"人性面"一词，给人一种莫名的亲切感，觉得周边气氛让人安心。平日坐在大办公桌前，难以亲近且威严十足的经理，突然冒出一句："昨晚喝醉了，不小心把资料遗忘在回家的计程车上，一旦被老板知道了，我可就惨了！"相信不但不会被人轻视，反而还会让人觉得亲切。

喝酒喝过头而弄丢资料的行为，显然与身为上司的威严格格不入，然而，也让听者感受到当事人的"人性"部分，备感亲切。人们基于自我防卫的心理，认为失败可耻，总是想尽办法掩饰是可以理解的；特别是在视竞争为生存法则的商业社会，更是有其必要，不愿示弱的心理作用也越强。相形之下，也就觉得不讳言自己失态的上司容易亲近得多。同样的道理，偶尔一次的"脱线"行为，往往都有意想不到的效果。例如：假装拨错电号码："啊！真是老糊涂，要拨医院怎么会拨到你家呢？嗯，最近还好吧！"有意无意地演出失常，说出自己的失败糗事，常常能在人际沟通上扮演润滑剂的角色，即使显得有些滑稽，却也能在人们感觉亲切的同时，表现出自己的个性。这一点由能力越强的人表现出来，效果越是显著。

# 初次见面就能突破对方心理防线的秘诀

## ——彼此不相识也能产生好感的"心理距离"

年终整理名片的时候，发现自己一年来曾和为数众多的人见过面——人生就是与初谋面者的一连串相遇。

初次见面，任何人都会在意对方是否真的把自己放在心上，或是仔细聆听自己的谈话。笔者曾问过某位推销员，据他表示，就算是身经百战的推销员"老鸟"，也不愿登门拜访不认识的客户。既然这种因为陌生而产生的紧张人人都会有，那为何不放松心情，让气氛变得融洽，化紧张不安于无形？在此介绍读者们与人快速建立亲密关系的小技巧。

### 带给他人好处的活用术——

有一实验如下：实验者分别与A和B两人交谈，其中A谈话的时候，C在一旁听着。谈话结束后，实验者询问C对A、B两人的哪一个较有好感。结果对A有好感的人占压倒性的多数，显示我们对距离自己越近的人越是喜欢的倾向（二人的距离以一方伸手可触及另一方，约五十公分左右为最佳）。显然地，我们若想和某人发展亲密关系，应该尽可能地趋前搭讪，而非远离他（她）。

拜访初次见面的人，试着大胆地趋前交谈（小心别大胆过头了，反而给人冒冒失失的印象，否则将前功尽弃），不但使对方对你产生好印象，相信也能化解你的紧张感。

### ——说服力与魅力兼备的说话声音

心理学家认为一般情况下，声音低沉比起高亢声音，显得更洗练而富魅力，让人觉得安心、有男子气概，音质沉稳的人，被人接纳，当红影、歌星中，声音浑厚、有磁性者占多数即为明证。美国的心理学家梅拉宾依据语言、音质及长相影响认知态度的比重，归纳成以下的公式：

**认知态度**＝（语言）×0.07＋（音质）×0.38＋（长相）×0.55

也就是说，人们对说话者的认知印象好坏，最容易受他的长相所左右，其次是音质，最后才是语言。

以长相为首要判断基准并不教人感到意外，但是音质的影响远大于语汇却着实叫人吃惊。根据音质的相关研究报告指出，声音洪亮、低沉的人，个性外向，具统御力且说服力强，各位读者大概也注意到名电视新闻播报员、政治明星多半是属于这一类型的。

### ——低沉的说话声就能缩短彼此的"心理距离"

挨近对方，以尽可能低沉响亮的声音说话，不但能增强说服力，也能使你的魅力大大提升。值得注意的是，说话低沉、响亮，仍有一定的窍门：首先是不要把话说得太快，有如连珠炮。为此，不妨练习出声朗读报上的社论，一旦习惯于此，建议读者对着镜子说话看看。不断反复练习之下，必能从镜子里发觉另一个未曾注意到的、深具说服力的以及给人良好印象的自我。

一般而言，我们在与人交谈时，往往借着声调高低来调节"心理距离"。而大体上，提高声音大声说话的人，多半想向外表现，有强烈的自我展示欲望，提高音调的原因无外乎可以引人注目。可是说话声音低沉的人却不能以此认定他个性内向——他可能意图用低沉声音，缩短与听者之间的"心理距离"。

---

【心理距离】

我们聊天聊得起劲时，通常声音也有起伏高低，用以调节心理距离。说话声音低沉的人，并不一定就是大家所说的个性内向。语音低沉的人，其实是企图大幅缩短与听者之间的心理距离。

——日本心理学家　多湖辉

### ——让自己"与众不同"，塑造强有力的印象

给人带来印象，首重表现个性。所谓个性不是穿着、打扮跟流行服饰杂志里的照片一模一样，就叫有个性；而是找出自己的魅力所在，并且展现出来，即使是一点点的魅力也是关键所在。回想一下小学、初中时代的朋友，只要有别树一格的特征，就能马上喊出他的名字，反之，那些长相、身段平庸无奇的，即使百般思索，也只能说是深深埋藏在过去的记忆中，不复可寻。

再拿学生做例子，一般大学拿全A+的大概不多，90％的人都是拿A，平均分数80分左右，奇怪的是他们毕业后留给人的印象总不如那些低空飞过、调皮捣蛋的学生来得深刻。在一切平均化的现代社会里，与他人相同不可能给人强烈印象，即使是一条领带、一串首饰，只要醒目、耀眼，都能凸显自己，不失为吸引他人注意的良策。

## ——光环效应——"沾光术"运用之道

曾经在咖啡厅里听到两个男的在相互发牢骚：

A："真是瞧不起人！前几天我到S公司去，表示要介绍新产品，想见一下负责人；他们却回答我要问一下承办人再说，根本是拒人于千里之外。"

B："可能是你未事先约好，突然拜访吧？"

A："所以喽，我就请在S公司吃得开的M先生帮我写了封介绍信，想不到对方态度却转了弯，客客气气，还以礼相待咘！"

生活周遭充斥着类似事件，像这个个案里写介绍信的人，让人觉得值得信赖，谈商务也能顺利进行。我们评论一个人的时候，心理上每每拿他的背景、关系作为

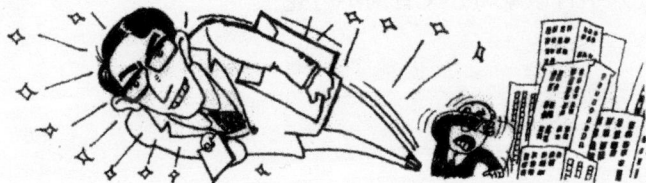

衡量，这种倾向称作"光圈效应"。这种光圈就像是宗教画像、佛像里见的那类光轮，或是围绕太阳、月亮的晕轮。有光环的宗教像显得分外庄严，有晕轮的太阳、月亮看起来也较大，而背后有人支持，身价也跟着看涨，所以称作"光圈效应"。

积极运用此一"光圈效应"，即使是初次见面，也能轻而易举地赢得对方的信赖。举个不太好的例子，报上喧闹一时的诈骗犯，就是大肆吹嘘他和政界名流、财经界人士的关系，或是顶着医生、律师的名号，让对方误认为此人社会地位、背景良好，而遭欺骗。

上述例子并不可取，然而正当的"光圈效应"仍应积极运用。尤其是近来人们逐渐认为"人际关系也算是人格的一部分"，相信"某人既有的人事背景，应该值得信赖"的情况下，更不要耻于谈论人事关系。只要不让人事背景蒙羞，又有何不可呢？

# 让人无法说"不"的心理技巧

——"脚在门里"（Foot in the Door）

心理上人们有保持自己行动一贯性的习惯，一旦承诺别人，别人再拜托时，就不好意思拒绝帮忙。比如说借钱，刚开始只答应对方借少量金钱的要求，对方借的金额越来越大，就不知道如何拒绝。常见的诈骗，几乎都是有技巧地利用人们此种心理，一点一滴地骗光被害人的财产。

社会心理学将这种"踏进门再慢慢撬开门"的说服技巧，称作"脚在门里"技巧。关于此种心理现象，曾经做过如下的实验：

实验者用——

Ⓐ突然拜访，请求"协助调查"。

Ⓑ事先以电话联络，说明调查内容后请求协助。

Ⓒ拜托实验对象填写问卷，取得该对象谅解后数日，再进行实际调查。

三种方式，用"调查住家橱柜、抽屉中到底装了什么东西"作为理由，要求接受实验的住家出示这些东西，协助调查。这项惹人厌恶实验的结果显示，用Ⓐ、Ⓑ两种实验方式只得到22％与28％受验者允许；而采用Ⓒ方式，则有53％的受验者愿意帮忙。

如此说来，要让人答应某种不情愿的要求，采用刚开始得让对方承诺一些无关紧要的小事、再慢慢地切入正题的方法会比较有效。初次约女孩出

来，可以说与朋友打网球，要不要一块去？之后再邀对方一起听音乐会等等，约会几次之后，想必就会有所进展。

另外，棘手的生意，想一下子就得到承诺是不可能的。此时，不妨先从打电话给对方，制造工作以外双方接触的机会开始。总之，起初只能要求些小事，一旦脚踏进对方门槛里，再逐步进入正题，这样才容易使对方说OK。

## ——"促膝对谈"——说服人的最高技巧

美国心理学家巴兰德曾就身体接触的频率，比较日本人与美国人的不同。根据他的研究，日本人在孩童时期，亲子间身体接触十分频繁，成人之后却不知为何，很少与他人有身体接触。一般认为，人与人之间的身体接触是传达感情最基本、最好的沟通方式。日本人为什么会有此种举动呢？巴兰德认为是日本人不愿意直接坦诚表达出感情的缘故。不过，他表示日本人并非完全避免身体接触——日本人之间有所谓"酒精沟通"，借着饮酒、彼此勾肩搭背，传达彼此的感情，进行沟通。因此巴兰德断言日本人只有在饮酒作乐、觥筹交错之际，才会打开天窗说亮话，显现出真性情。

的确，日本人与人沟通时，若是不喝点酒，总觉得气氛尴尬，多半无法正确传达自己内心的想法。一旦喝了酒，即使原本毫不相识的邻座者，也能交谈甚欢，甚至勾肩搭背、同歌一曲。或许我们可以说：若无其事地拍拍对方肩膀、碰触对方身体，具有给予对方"伙伴意识"和"信赖感"的效果。

日本人常说"促膝谈判"，据说日本人已故首相三木武夫，就是实践"促膝谈判"的"座谈名人"。每当日本自民党内有重大事件必须协商，或是做决策的时候，他都会趋身接近交涉对象，边用手抚摸或轻摇对方的膝盖，边进行沟通。而受到抚触的一方，据说也经常会不由得叮咛自己不要持反对意见，不知不觉之间，就出现有利于三木武夫的言论了。

### ——漫不经心地轻触能产生亲切感

在美国曾经有心理学者做过一项实验，对象是单独上超市购物的男性和女性。

首先，实验者叫住实验对象，请他（她）回答简单的问卷调查，在对方回答问题的同时，分两种情况进行，一种是"轻触对方手臂"，一种是"不碰触对方任何地方"。然后，等到对方快回答完问卷之际，再故意把一些问卷散落在地，测试他（她）的反应。

事实上，这才是实验的真正意图，目的在于调查有多少人会帮忙捡拾问卷，连同自己作答的问卷一并送还给实验者。结果，被轻触手臂的人，更肯帮忙捡起散落一地的问卷。

### ——见光死——黑暗效应

我从学生那里，听到过这样一段谈话——

"我一直对同班的某位女同学有好感，也制造了种种交谈的机会，却始终无法进入状态、相谈甚欢。可是偶尔下课后一道回家，即使只是并肩走在黑暗的街道里——平素部分的生硬感都仿佛不见了，反倒有些亲密感。"

的确，人在黑暗的场所，容易对人产生亲密感，此点也经由实验得到证实。心理学者把男女各三四人关在一乘一点二米的小房间一小时，观察他们的行动。结果，受试者在光线明亮的房间与黑暗房间两种情境之下的行动，有显著的差异——

在光线充足房间的男女，各自找地方互相分离而坐，不移动座位，且谈话也尽量不去妨碍别人。

相对地，黑暗房间里的男女，起初是相互分离而坐，同性之间互相交谈。然而，随着时间过去，谈话变少之后，就开始移动座位与异性并坐。就在这段期间，有人开始碰触异性的身体，有的还相互拥抱。

看来即使是不相识的人，同处于幽暗之中，也会因心理松弛，而一下子增加彼此的亲密感。因为在黑暗中对方看不见自己的表情，较容易感觉安心，交情也容易变深。

任何人对于自己的开放行为，都会因对象和情况改变而心生犹豫。特别是有警戒必要的人，掩饰缺点、呈现自己最好的一面，乃是正常的事。

可是，身处黑暗之中，由于彼此之间不再那么一清二楚，此种掩饰也变得简单得多。若想与生意往来客户称兄道弟，不妨多选择酒吧、俱乐部之类灯光幽暗的场所交际，几次下来，必能解除他对你的武装，心怀亲切感，而能畅所欲言。

## ——借恐惧心理获得异性好感

人常常把生理兴奋与性的兴奋混为一谈，在美国就曾经进行过以下两件有意思的实验——

【实验一】受测者走过七○米高、摇晃不已的吊桥后，（安排他）遇见某女性。然后，调查受测者对这位女性的印象。

结果受测男性大多认为某女性非常有魅力，并且性感十足。

其实，受测者口干舌燥、心跳不已的模样，只是出于走在吊桥上，因为恐惧而引起的单纯生理变化所致。可是受测者却认为那是"性的兴奋"。受测者以为自己口干舌燥，心中小鹿乱跳，是因为遇见某位性感尤物所引起的。

【实验二】让男性受测者猛踩固定式脚踏车之后，观赏色情电影，调查他对"性兴奋度"的认识程度。

调查结果发现，受测者普遍认为运动五分钟后的"性兴奋度"最强。所谓五分钟后，表面上看来，因运动所引起的"生理兴奋"好像已经平息，而实际上，心跳速度仍旧处于激烈状态。因此"性兴奋"可以说是受运动的影响，只是自己未察觉到而已。为什么会有五分钟后的性兴奋度最强的说法呢？那是由于运动过后，人们虽然仍意识到运动引起的兴奋，却因五分钟后忘记了运动一事，以至于认为自己兴奋是看了色情电影的缘故。

从以上的实验个案看来，实际因恐惧或运动而引起的怦怦心跳，很容易就会让人以为那是一种性兴奋。

反过来说，巧妙运用这种心理现象，不就能使你的意中人认为你是个有魅力的人吗？约会时，不妨选择刺激有趣的场所，例如一道乘坐云霄飞车、参观鬼屋，挑起他（她）的恐惧心理；或是邀意中人一块登山、打网球也可以。当你看来精神饱满、热情洋溢时，也就是异性感觉你最富有魅力的时候。

## ——推销秘诀——买或是不买？

前几天，我看到冰激凌店、速食店门外顾客大排长龙的情景，仿佛就像是百货公司打折拍卖的时候人潮汹涌的卖场一样。人们看到一大群人聚集在某商品前，往往就会有加入行列的心理，认为——"大家都要的必然是好东西，不买太可惜了。"

人们都有"希望自己的行动与相同立场者相似"的倾向。"相同立场者"在心理学上称之为"相关族群"，指的是自己所属的族群（团体）。一般说来，人们大多希望自己的行为与所属"相关族群"相同。

　　基于此，聪明的推销员都会巧妙应用这种心理。例如，大多数人都有"自己是中产阶级"的意识，而拥有名表、名牌包包或汽车等物品，是作为中产阶者必备的。于是推销员一面灌输顾客这种心理，一边借此表示"某个家庭也都使用这种牌子"。此招一出，据说都能发挥其促销的效果。

　　上述心理叫做"同理现象"。这种与别人行动不一致就会产生不安的心理，运用在人际关系上，亦可成为一项强有力的武器。比如用"哎哟！我还以为这是领先同业的公司咧！怎么没有引进××呢？"之类言语刺激对方，对方想必会开始认真检讨是否该与你进行交易。

　　同样的心理战术，也可以运用在同行竞争上。"××公司也采用我们公司制造的产品"、"您这样的身份地位一定用得到××"，诸如此类的措辞都有助于交易达成。

　　商业社会里，攻击对方的心理弱点，无疑是种极有利的手段。掌握"同理现象"，正是制胜要诀之一。

## ——说"我们"比说"我"更容易说服人

"遇到红灯，大伙儿一块穿越就没什么可怕"，这是以前流行的一句俏皮话。当然，这绝对没有鼓励大家闯红灯的意思，可是这句俏皮话的确凸显出了某一层面的事实——个人对闯红灯的"危险意识"，会随着众人（团体）的共同行动而变得淡薄，甚至不可思议地产生了安全感。

类似这类行为还有恶名昭彰的"买春旅行"。平素认真、老实的绅士，参加"旅行"的时候，将欲望暴露得一览无遗的行径，俨然是集体闯红灯的翻版。

这些行为的共通点，可说是所谓的"集体意识"。原本支配每个人行为的"个人意识"，在大伙一起闯红灯、大伙一起参加买春旅行的瞬间，已经转换成"我们的"意识。这现象心理学上称为"分散效应"或"稀释效应"，一种"一件东西大家一起扛，负担减轻"的心理作用。

"分散效应"也适用在其他场合。例如，以"我们头脑都不好"取代"我的头脑不好"的想法，认为"人都差不多"，相信可以免于失去信心。

另外，有些内向的女性生了孩子之后，个性变得前所未有的开朗，摆脱过往的自卑感。她们之所以会这样，乃是因为"我"的意识，经由生产，不知不觉之间变成"我们"的意识。

另外，欲说服他人，与其说"我是这么想的"，不如改说"我们都这样想的"，更能达成目的。因为，一来可以强调"这是我们大家的想法"，二来可以增加自己的信心。

## ——由海德的均衡理论看人际关系的奥秘

人们无时无刻不在寻求稳定的人际关系。美国心理学家海德的下页图示的三角图形说明这种心理，这就是有名的"均衡理论"。

图中的P代表自己，O代表他人，X代表思想或第三者，而依据这三者间的关系推测人们的行动。笔者认为知道均衡理论，有利于交涉时说服他人，所以引用这一理论，以供读者参考。

假设你P说的话不得对方O的信赖，若你提起对方所信赖或尊敬的第三者，声称"××也是这么说的"，则对方O将陷入不安定的心理状态，情形如同下面的图-1。

此时，对方O就会想"连××都这么说的话，那就不会错了"，进而接受你P的意见。于是你和对方的关系，就从不安定的负（-）心理状态，转为正（+）的心理状态，变得和谐、融洽。

交涉对象越信任第三者，你的胜算也越大。为此，

〈第三者或某种思想〉　　　〈交涉对象的敌对者等〉

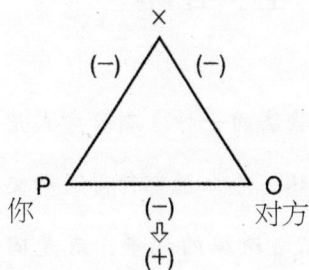

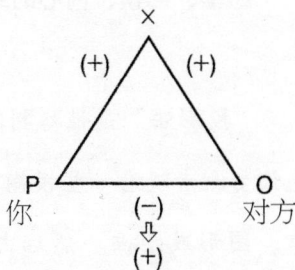

```
        ×                      ×
    (-)   (-)              (+)   (+)
   ╱        ╲             ╱        ╲
  P          O           P          O
 你   (-)   对方        你   (-)   对方
       ⇓                      ⇓
      (+)                    (+)

   图-1                   图-2
```

与人交涉时，有必要事先知悉对方信赖的第三者。而且，交涉前一定要调查清楚交涉对象的性格，相信什么样的思想、思考方式。有了这样的预先准备，海德的均衡理论才能对你的人际关系有所裨益。

另外，由海德的均衡理论也可得知，彻底指责交涉对象O所厌恶的人物或思想X，也能达到同样的正（＋）心理状态，单是此举，就足以使你有好感，此一关系如同图-2所示。

---

心理学趣味派？ 13

**你会编出什么样的故事？**
**愿望、恐惧、内心的纠结，在此一目了然！**

"投影法"是性格判断测验法的一种。测验方式是先让受测者观看一些模糊、暧昧，怎么说都行得通的文章、图形或绘画。然后由受测者所编的故事，或是回答看到些什么的反应中，投射、分析出该受测人内心

深处的个性特点、受压抑的愿望。投影法中又包括了
"TAT"、"罗夏墨渍测验"等等方式。

"主题统觉测验"，简称"TAT"，测验方式是先
让受测者看一张主题模糊的图画，再根据所见，试着以
现在、过去、未来三种时间为背景，看图说故事。测验
者可以经由受测人凭空捏造的故事，研判他的性格。

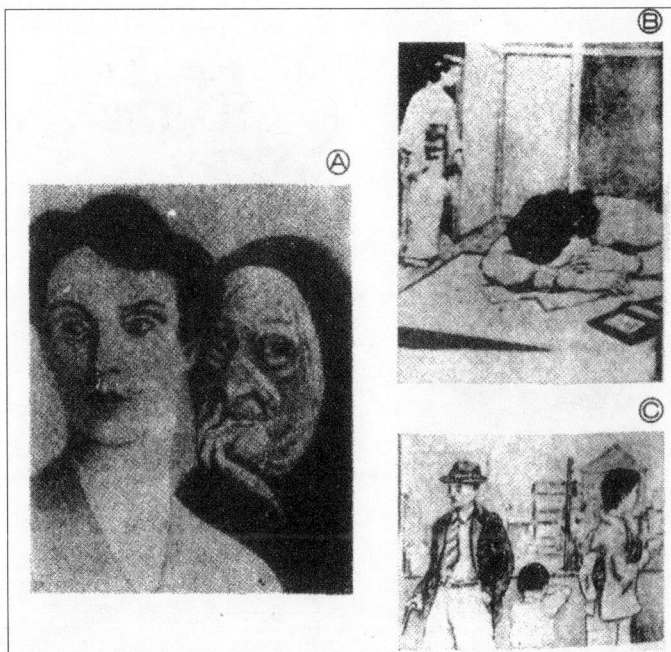

　　美国心理学墨瑞和摩根最早设计出此种测验所需的"标准图"（见前页图Ⓐ）。由于图片内容多属捏造之情景，或幻想的风景，一旦要求受测人看图说故事，受测人必然会有意无意地把内心深处之情感与愿望、恐惧与纠结，反映到他所说的故事。TAT的儿童版称为CAT（Children's Appreception Test，儿童统觉测验），由贝拉克夫妇以和TAT相同的构想，制定而成，但出场人物全

布拉基的冒险

儿童统觉测验

图书馆规定一次只能借两本书！

啊！原来是这样……

罗氏图书逆境反应测验

部是动物。

和TAT类似的测验中，有一种称之为"布拉基的冒险"。它的检查方式十分有趣，是布朗根据弗洛伊德正统派的精神分析理论构思而成。

罗氏图画逆境反应测验（Picture Frustration Study见上图）的设计人是罗森维（S.Rosenzweig），测验方法是让受测人写出图中所求无法满足的女性之可能反应，再根据受测人的答案，来研判他的个性。

心理学趣味派？ 14

**什么是"我是谁"测验？百分之百了解自己？**

"我是谁"测验（"Who I am" Test），也是投影法的一种，由美国心理学家克宁和麦伯兰共同制定，亦称为"20句答法"。原因是它的测验方式要求受测者自问"我如何如何"，同时尽快将心中所想到的前20个答案写下来。经由此一途径，反映出受测人的内心所思和自我角色定位。

那么，你也做做看吧！答案须以"我"字开头，长短不拘，像"我是男的"、"我今年24岁"的句子皆可。20个答案，时间限定5分钟。

如何？看似容易，做起来却很难吧？前5、6个句子，写来顺利得很。写着写着，到第14、15个句子时，恐怕已想不出什么可以写的了。刚开始的答案大多是像性别、年龄、所属之类，外人看来也一清二楚的答案，接下来的答案，则渐渐和内心主观有关，例如："我胸襟狭小"、"我情绪经常不稳"等。但是到了第14、15个答案，由于潜意识的欲望被压抑的苦恼，纷纷涌现，思虑受到混淆，联想力也就相形减弱，才会举不出例子。

以某公司人员的个案为例，大多数的答案不外乎："我是××公司职员"、"我是某公

司的课长"、"我管11个人"、"我进公司25年了"，"自我"印象完全建立在与"公司"有关的基础上。不过，也有少数人例外，跟"公司"间没有任何牵扯。

**图书在版编目（CIP）数据**

懂1%就会赢99%的心理专家 / 麦凡勒著.
—— 南昌：百花洲文艺出版社，2013.4
（心理实验室）
ISBN 978-7-5500-0559-4

Ⅰ．①懂… Ⅱ．①麦… Ⅲ．①心理学－通俗读物Ⅳ．①B84-49

中国版本图书馆CIP数据核字(2013)第066852号

本书由新潮社授权
江西省版权局著作权合同登记号：图字14-2013-151

## 懂1％就会赢99％的心理专家

麦凡勒　著

| | | |
|---|---|---|
| 出 版 人 | 姚雪雪 | |
| 责任编辑 | 余　茬 | |
| 特约编辑 | 喻任如 | |
| 美术编辑 | 方　方 | |
| 制　　作 | 何　丹 | |
| 出版发行 | 百花洲文艺出版社 | |
| 社　　址 | 南昌市阳明路310号 | |
| 邮　　编 | 330008 | |
| 经　　销 | 全国新华书店 | |
| 印　　刷 | 江西新华印刷集团有限公司 | |
| 开　　本 | 890mm×1240mm　1/32　印张　9 | |
| 版　　次 | 2013年5月第1版第1次印刷 | |
| 字　　数 | 150千字 | |
| 书　　号 | ISBN 978-7-5500-0559-4 | |
| 定　　价 | 21.00元 | |

赣版权登字 05-2013-82

版权所有，侵权必究

邮购联系　　0791-86894736
网　　址　　http://www.bhzwy.com
图书若有印装错误，影响阅读，可向承印厂联系调换。